Study & Fun
내 맘대로 유럽여행

내 맘대로

Study & Fun

유럽여행

정용숙 지음

아주 좋은날

여행지에서
만난 사람들은
나를 '행복한 여행자'로 성장시켰고,

여행길에서 겪는
사건들은
즐거움을 두 배로 만들었다!

외국여행 하면 경제적, 시간적 여유가 있는 사람들의 이야기지, 나와는 거리가 멀다고 생각했다. 그런데 남편에게 등 떠밀려 시작한 외국여행이 어언 20년이 되어간다. 나의 처음 외국여행은 어학연수로 시작되었다. 스튜디오 케임브리지에 등록한 날부터 여행에 대한 설렘과 흥분은 걷잡을 수 없이 커져갔다. 영국은 과연 어떤 모습일까? TV 화면에서 본 장면들과 잡지 사진들이 머릿속에 오가면서 기대감과 상상력은 더욱 더 커져만 갔다.

그때만 해도 서울에서 런던까지 가는 우리나라 직항 대신 싱가포르 항공을 이용했다. 그게 비용적으로 더 저렴했기 때문이다. 그러면 비행시간만 18시간이 걸렸다. 중간에 싱가포르공항에서 보낸 6시간까지 합하면 꼬박 24시간이 걸리는 셈이었다. 피곤할 만도 한데 나는 설렘과 흥분으로 거의 뜬눈으로 보냈다.

런던 히드로공항에는 새벽에 도착했다. 그 시간에도 눈에 보이는 대로 영국을 담고 싶어서 온몸의 세포들이 안달이었다. 영국은 옛 성이나 저택 등이 대부분 그대로 남아있다. 그래서였을까? 건물마다, 심지어 은행이나 상점까지 내 눈에는 모두 과거의 유명한 문화유적지로 보였다.

처음에는 등 떠밀려 시작한 외국여행이지만, 나는 지금도 열심히 외국에 나간다. 여행의 목적과 방법, 내용은 시간이 흐르면서 많은 변화를 겪었다. 영어연수 코스를 밟다가 영어와 골프를 같이 배우는 코스도 밟았고, 후에는 스페인어 연수까지 겁없이 도전했다. 그 기간 동안 머문 여러 나라의 홈스테이도 내게는 특별한 경험과 추억으로 남아있다.

이 책은 크게 세 개의 테마로 여행을 떠나는 이야기를 담았다. 공부도 하고 여행도 하는 '어학연수 여행', 외국여행의 참맛을 느낄 수 있는 '숙소 여행', 멀리 떠나 진정한 여유를 만끽하는 '예술여행'!

외국여행을 몇 번 다녀왔더니 나도 모르게 자신감이 생겼다. 그래서 그때부터는 유명한 관광지보다 내 취향에 맞는 여행으로 계획을 세우고 일정을 짜기 시작했다. 영국의 헌책 마을, 워즈워스가 살았던 호수지방, 내 여행의 로망이었던 프로방스, 헤밍웨이와 세잔의 단골카페 등 나만의 여행 테마를 찾았다. 수많은 여행지에서 만난 사람들은 나를 '행복한 여행자'로 성장시켰고, 여행길에서 겪는 사건들은 즐거움을 두 배로 만들었다.

때로는 비행기를 놓치기도 하고, 그날 묵을 숙소를 구하지 못해 애가 탄 적도 있다. 정보를 잘못 아는 바람에 다음 여행지의 배표를 끊지 못해 발을 동동거린 적도 있다. 그런데 시간이 흐르고 보니 그 경험들 하나하나가 소심한 나를 대범하고 단단한 사람으로 바꾸어놓았다. 이런 변화는 책을 읽는다고 되는 것도 아니고, 누구에게 배운다고 되는 것도 아니리라.

여행자로서 내 여행길은 아직 끝나지 않았다. 다음에는 가장 영국적인 시골마을로 스토리텔링여행을 떠날 생각이다. 그 다음에는 스페인으로 미술연수를 떠나겠다고 벼르고 있다.

연수여행을 하면서 나는 많은 외국인 친구들을 만났다. 그들은 대부분 직업이나 스펙에 관계 없이 '순수한 여행'을 목적으로, 또는 교양상식을 넓히기 위해 여행을 한다고 했다. 그들의 모습이 어찌나 부럽던지, 그때부터 내 여행의 목적도 아주 많이 바뀌었다. 내가 행복해지는 여행을 계획하고 떠나게 된 것이다.

당신은 어떤 목적으로 여행을 준비하고 있는가? 영어를 배우고 싶어하는 사람도 있을 것이고, 내면의 성장 기회를 가지고 싶은 사람도 있을 것이다. 무엇을 꿈꾸고 어느 나라로 떠나든 일상에서 만날 수 없었던 커다란 행복감과 자신감을 얻게 될 것을 확신한다. 마지막으로 여행 선배로서 내놓는 나의 경험이 도움이 되었으면 하는 바람이다.

# contents

*prologue • 4*
여행지에서 만난 사람들은 나를 '행복한 여행자'로 성장시켰고,
여행길에서 겪는 사건들은 즐거움을 두 배로 만들었다!

**PART 1**

# 공부하고 즐기는
# '내 맘대로 여행'이
# 즐겁다

## 영어의 본고장,
## 영국으로 떠나자

PART 2

# 숙소가 달라지면
# 여행의 즐거움도
# 두 배가 된다

PART 3

# 남프랑스에서 예술여행을 즐기다

# PART 1

공부하고
즐기는
'내 맘대로 여행'이
즐겁다

　일 년에 한두 번 귀하게 얻는 휴가를 그냥 관광여행으로 보내는 것은 뭔가 서운하다. 지금 내가 하고 있는 일과 미래에 도움이 되는 외국어 공부도 하고 여행도 하면서 쉴 수 있다면 금상첨화가 될 것이다.

　고등학교 영어교사였던 나는 40대부터 방학만 되면 외국으로 나갔다. 처음에는 오로지 영어를 공부하겠다는 생각으로 시작했는데, 점점 여행에 무게를 둔 어학연수 여행의 매력에 빠져들었다. 어학연수 여행은 보통 홈스테이를 하면서 영어학교에서 2주 정도 공부를 했는데, 한 학기 동안 학교생활에 지쳐 있던 몸과 마음을 재충전하기에 그만이었다. 또한, 외국에서의 문화적 경험은 새로운 것에 대한 호기심을 불러일으키고 마음을 설레게 만들었다.

　첫 주 며칠은 시차 적응을 하고 긴장이 풀려서 시도 때도 없이 잠이 쏟아졌다. 그러면 나는 몸이 원하는 대로 휴식을 취했다. 그러면서 영어학교와 홈스테이 주변을 돌아다니면서 정찰 겸 관찰을 시작했다. 식당도 알아두고 어떤 상점이 있는지도 기웃거리고 대형마트에 들어가 현지 물건들과 사람들을 구경했다. 작은 도시지만 주변이 얼마나 아름다운지 등하굣길에 주택가 골목골목 집들만 구경해도 시간이 모자랐다. 그래서 나는 조금 돌아가더라도 약간씩 길을 달리 해서 등하교를 했다.

　그리고 영어학교 친구들이나 선생님, 홈스테이에서 틈틈이 여행정보를 얻었다. 연수를 마치고 여행 떠날 준비를 할 때쯤이면 알차고 실용적인 정보의 대부분은 그들에게서 나왔다. 주말에는 영어학교에서 떠나는 단체여행을 할 수도 있고, 혼자서 당일 혹은 1박 정도로 연수지 근교여행을 할 수도 있다. 홈스테이 식구들과 특별한 주말을 보내는 것도 좋다. 외국 연수생들이 많이 찾는 영어권 국가에서는 홈스테이 문화가 잘 발달되어 있다. 그래서 홈스테이 가정에서는 학생들이 머무는 동안 많은 문화체험을 할 수 있도록 배려한다.

여행계획이 대충 세워지면 여행안내소에 가서 종합적으로 상담을 받고 예약도 미리 하면 좋다. 외국여행을 할 때는 여행안내소를 잘 활용해야 한다. 궁금한 것들을 직원에게 묻고 요청하다 보면 무료픽업 서비스 같은 뜻하지 않은 행운을 얻을 수도 있다.

어학연수 여행의 가장 큰 장점은 공부를 하면서 여행을 다

**홈스테이**homestay

외국 가정에서 하숙하는 것을 말한다. 홈스테이는 영어학교를 등록할 때 신청하면 배정해주고, 비용은 함께 지불하면 된다. 주인 남자를 '홈스테이 대드', 여자를 '홈스테이 맘'이라 부른다. 특히 영어학교에서 배정해주는 홈스테이는 검증된 곳으로, 수준도 높고 믿을 만하다. 홈스테이가 마음에 들지 않으면 학교에 이야기해서 다른 가정으로 바꿀 수 있다.

니기 때문에 의사소통에 대한 불안감이 적다는 것이다. 현지인들에게 쉽게 다가갈 수 있어 다양한 문화를 체험할 기회가 많아지고, 보다 자유로운 여행을 즐기게 된다. 또한 연수학교나 여행길에서 만난 외국 친구들과의 인연은 내 인생에 많은 영향을 미쳤고, 도움을 주었다. 나에게 여행은 단순한 관광이 아니고 공부여행이었다.

그동안 나는 미국, 캐나다, 영국, 아일랜드, 뉴질랜드 등을 여행하면서 많은 것들을 배웠다. 프로그램도 일주일부터 개인지도까지 짧은 기간 동안 할 수 있는 것들이 다양하다. 바쁜 직장인들이나 학생들이 시간에 구애받지 않고 참여할 수 있다는 것도 큰 장점이다.

# United Kingdom

# 영어의 본고장, 영국으로 떠나자

나는 지금까지 영국으로 다섯 번의 여행을 다녀왔다. 그런데도 누군가 "당신이 다시 한 번 가고 싶은 나라가 있다면 어디인가요?"라고 묻는다면 주저하지 않고 "영국이요!"라고 대답할 것이다. 그만큼 나는 영국 여행이 좋았다. 기후도 생각만큼 나쁘지 않다. 비가 자주 오락가락해서 싫다는 사람도 있는데, 오히려 그런 날씨가 버버리 코트와 계관시인 윌리엄 워즈워스William Wordsworth에 어울리는 영국의 멋이고 매력이 아닐까? 무엇보다 여름 더위를 피해 도망치고 싶은 사람에게는 안성맞춤인 나라다.

대중교통도 잘되어 있고 밤늦게까지 돌아다니지만 않는다면 비교적 안전하다. 게다가 사람들이 친절해서 혼자 천천히 여행하기에 아주 좋다. 매일매일 거리에 나가서 만나게 되는 영국인들의 친절은 그곳에서 받았던 가장 좋은 선물로 기억되고 있다.

영국식 정원과 느긋한 티타임도 매력적이다. 무엇보다 영어의 본고장이니만큼 다양한 코스의 영어학교도 많고 영어교수법이 잘 발달되어 있어 영어와 영문학의 참맛을 제대로 느낄 수 있다. 내가 아는 한 국어선생님은 영국에 가서 '영문학 코스'에 참가하는 게 평생의 꿈이라고 했다. 그녀는 지금 외국인에게 영어를 배우면서 영국 여행의 꿈을 키워가고 있다.

영국은 물가가 비싼 나라이긴 하지만 잘만 알아보면 저렴한 연수비용으로 수준 높은 영어공부를 할 수 있는 영어학교들이 꽤 많다. 그리고 연수를 마치고 유럽여행을 하기도 편리해서 다양한 유럽문화를 경험하기에 가장 적합한 나라다.

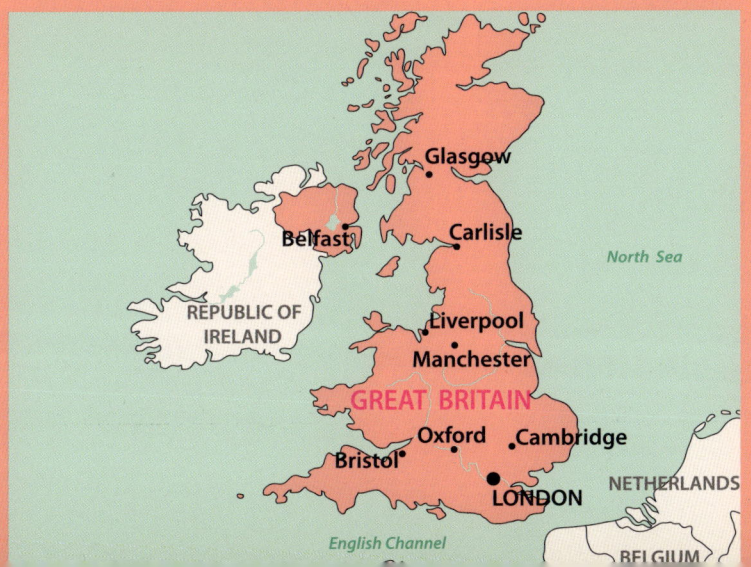

# Beet Language Centre, Bournemouth

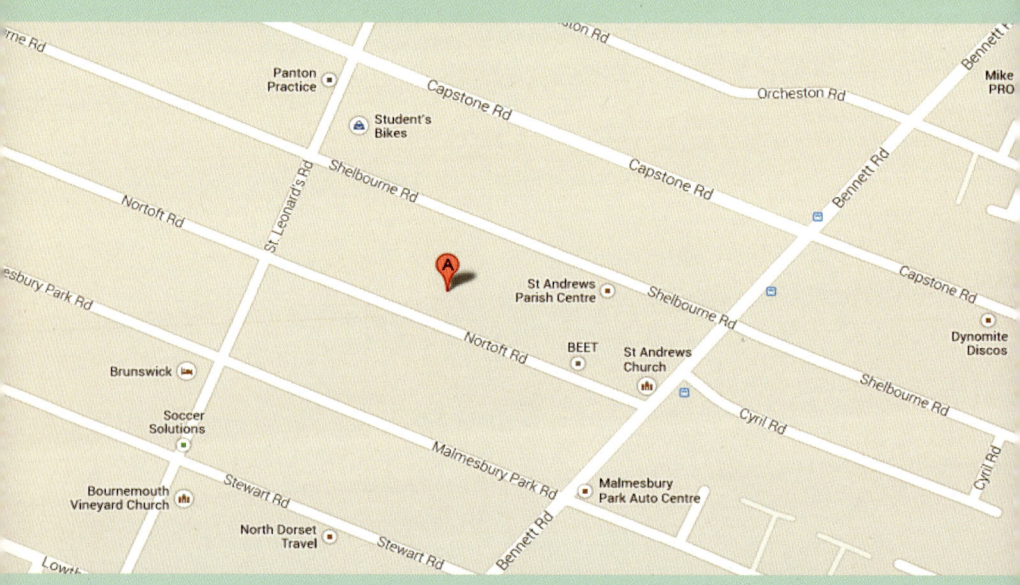

Beet Language Centre, Bournemouth
Website: www.beet.co.uk
Address : Nortoft Road, Bournemouth BH8 8PY, UK
Tel : +44 (0)1202 397 721
Email : admin@beet.co.uk
Fax : +44 (0)1202 309 662

# 지루함이 없는
# 본머스의 비트랭귀지센터

본머스Bournemouth는 런던 빅토리아 코치스테이션Victoria Coach Station에서 본머스 행 버스를 타고 남서쪽으로 2시간 정도 거리에 있는 영국 남부의 해안 도시로 기후가 온화하고 쾌적하다. 런던 다음으로 영어 학교가 많은데, 학비는 런던이나 옥스퍼드Oxford, 케임브리지Cambridge 등 대도시보다 많이 저렴하면서 학교의 교육 수준이 높아 여름이면 외국학생들로 넘쳐난다.

비트랭귀지센터는 1979년에 설립된 후 꾸준히 발전하고 있는 영어학교로, 본머스에서 가장 우수한 학교다. 코스는 English Language Courses, IELTS, Cambridge Examination Preparation, Teacher Training 등으로 다양하고, 최소 17세부터 수학할 수 있다.

20~29세가 가장 많은데, 2012년에는 76세의 학생이 있었다고 한다. 본머스 지역 교사연수지정학교로 자체적으로 끊임없이 새로운 교수법을 개발하고 활용해서 수업시간이 지루하지 않고 신선했다. 특히 영어교사 코스인 ITTC<sup>International Teaching and Training Centre</sup>에는 다양한 프로그램이 있어 영국 내에서도 유명하다.

일반영어 코스<sup>General English Course</sup>는 어학연수 중 가장 많이 참여하는 과정으로 비트에는 세 종류가 있다.

1. General English Main course 20 lessons(15시간)
2. General English Intensive Course 20 lessons(15시간)
   + 1 Option 4 lessons(3시간)
3. General English Extra Intensive Course 20 lessons(15시간)
   + 2 Options 8 lessons(6시간)

1번 코스는 오전 4차시, 주당 20차시로 오전에 수업이 모두 끝난다.

2번 코스는 오후 2차시, 2회를 더 공부한다.

3번 코스는 오후에 2차시, 4회 수업을 더 한다.

오전 기본 프로그램 모두는 4가지 언어기능인 말하기<sup>Speaking</sup>, 듣기<sup>Listening</sup>, 읽기<sup>Reading</sup>, 쓰기<sup>Writing</sup>를 골고루 공부한다. 그러나 오후 선택 프로그램<sup>Option Programme</sup>은 자신이 좀 더 필요로 하는 분야를 고를 수 있다.

나는 3번 General English Extra Intensive Course를 선택했고, 선택 프로그램에서는 Reading, Writing & Listening Skills을 선택했다. 매일 코스에 따라 최소 두 명에서 네 명의 교사들이 번갈아 가며 수업을 담당하기 때문에 각각 다른 교수법으로 개성 있는 수업이 이루어져서 지루하지 않았다. 그중에서 나와 코드가 맞는 수업시간이 되면 더 적극적으로 참여했다.

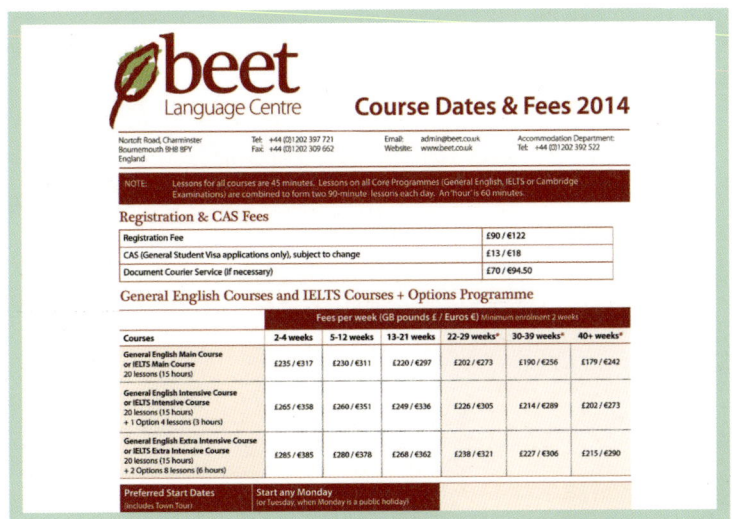

1·5 본머스
2·3·4 비트랭귀지센터

## One-to-One Tuition

| Course Type | Start Dates | Lesson Length | Fees per Lesson (GB pounds £ / Euros €) |
|---|---|---|---|
| Individual tuition. This can also be combined with the Extra Intensive, Intensive or Main Course. | By arrangement with the school | 45 minutes | £75 / €101 |

## Teacher Training Courses

| Please refer to the International Teaching and Training Centre (ITTC) fees. |
|---|

## Accommodation (Homestay and Private Home, Executive Homestay, Student House)

| Homestay and Private Home* | Cost per Week (GB pounds £ / Euros €) | NOTES |
|---|---|---|
| Single room (low season) | £118 / €159 | |
| Single room (June 28 - August 23) | £140 / €189 | |
| Shared room (low season)** | £102 / €138 per person | A weekly retention fee of £75 / €101 is payable if you wish to keep the room whilst away, for example on holiday. This is not payable in July and August, as you will be required to vacate the room completely. |
| Shared room (June 28 - August 23)** | £125 / €169 per person | |
| Christmas and New Year Holiday Supplement | £50 / €68 (Xmas week only) | |
| **Executive Homestay** | | |
| Single room (all year) | £220 / €297 | |
| **Student House (Self-Catering Residence)** | | |
| Single room (low season) | £125 / €169 | The minimum age in a student house is 18 years. |
| Single room (June 29 - August 23) | £145 / €196 | |
| Single en-suite (June 29 - August 23) | £175 / €236 | |
| Twin or double (low season)** | £110 / €149 per person | |
| Twin or double (June 29 - August 23)** | £125 / €169 per person | |

* **Homestay:** 1 to 4 students in the house. **Private Home:** more than 4 students in the house. ** **Shared Rooms** are only for friends or partners.

매주 2회 저녁수업Evening Programme도 학생들이 이용할 수 있다. 모든 수업은 1시간 45분을 기준으로 2시간 연속 90분으로 진행된다. 90분 수업이 끝나면 20분의 휴식시간이 있다.

## 재미있고 실용적인 수업에 매료되다

등교 첫날 오전은 반 편성시험Entry Test을 치르고 본머스 지역 투어를 한다. 수업 외에 학생들에게 매일 해야 할 1~2시간 분량의 과제가 주어지는데, 정기적으로 시험을 치러서 개개인의 향상도를 체크 관리한다. 그렇게 코스를 다 마치고 나면 성적표와 이수증이 수여된다.

비트랭귀지센터가 가진 최고의 장점은 교재와 교수법이 교육적이면서도 흥미 있고 실용적인 주제로 구성된다는 점이다. 나의 첫 번째 말하기 수업시간에는 동물에 관한 숙어<sup>Animal Idioms</sup>를 가지고 했다. 이해를 돕기 위해 그 일부를 소개한다.

*Well, to my surprise, he called the next day and asked me out on a date. He said he'd always fancied me, but was too shy to tell me. Anyway, apparently he had decided it was time he <u>took the bull by the horns</u> and just asked me out. He asked if I'd go to a nightclub with him, I wasn't too keen as I don't really like nightclubs-they're loud and smoky, and there's generally <u>not enough room to swing a cat.</u> Even worse, everyone seems so much younger than me, and just <u>feel like a fish out of water.</u>*

*'from Beet Language Centre Course Book'* 중에서

이 글에서 밑줄 친 숙어의 뜻을 몰라도 앞뒤 문맥으로 유추할 수가 있다. 그래서 공부에 흥미가 없는 학생들도 호기심으로 참여하게 만든다. 사이사이 문법<sup>Grammar</sup>과 어휘<sup>Vocabulary</sup>는 재미있는 퀴즈나 게임, 문장 이어쓰기 등으로 다루어 초보자나 내성적인 학생들에게도 적극적인 참여 기회를 열어준다. 각종 외국어 시험(TOEIC, TOEFL, TEPS 등) 준비에도 많은 도움이 된다. 무엇보다 가장 중요하지만 학생들이 가장 어려워하는 자기소개서나 입사지원서, 편지쓰기를 Writing 시간에 자연스럽게 연습시켜준다.

다음은 'Job Application' 수업 내용이다. 예를 들어, 먼저 학생들에게 세계적인 기업 '고어텍스<sup>Gore-Tex</sup>'에 대한 기사를 읽고 요약하게 한다. 그리고 읽은 내용을 토대로 자신의 입사원서를 써보게 한다.

*Job Application*
*1) Please explain briefly why you are interested in this position:*
*2) Please explain briefly why you think you would be good at this job:*
*Useful Language for Letters of Application(for a job)*
① *Opening Remarks:*
② *Reference to experience:*
③ *Closing Remarks:*

비트랭귀지센터의 일반영어 코스는 초보자부터 영어실력이 좋은 학생들까지 각 학생들의 수준에 맞는 수업을 제공하며, 특히 젊은이들에게 알차고 실용적인 내용으로 구성되어 있다.

2주일에 대략 130만 원(746파운드)이면 일주일에 65만 원 꼴이다. 영국에서 혼자 방을 쓰면서 먹고 자고 공부하는 데 하루에 10만 원이 채 안 든다는 계산인데, 상당히 저렴한

★ 총연수비
(2014년 General English Main Course 20 lessons 2주 기준)
등록비(Registration Fee) 90파운드
수업료(Fees) 1주당 235 × 2주 = 470파운드
홈스테이(7월, 8월 시즌 싱글룸)
1주당 140 × 2주 = 280파운드
총 840파운드 × 1751.10= 1,470,924원
* 영국 파운드 환율 1751.10원
  (2014. 6. 3 기준)
* 히드로공항에서 홈스테이까지 픽업비는 별도이고, 150파운드.

비트랭귀지센터에서 나는 Extra Intensive 28교시(8Lessons 2options) 2주 코스에 참가했다. 주당 20시간의 정규수업을 오전에 하고, 일주일에 3회 오후에 6시간 보충수업을 하는 셈이다.
등록비 70파운드 + 학비 406파운드
= 476파운드
홈스테이 주당 90파운드(아침, 저녁식사 포함) * 2주 = 180파운드(7, 8월은 시즌이므로 약간 더 비싸다)
런던 히드로공항에서 본머스 홈스테이까지 (저녁식사 포함) 픽업비는 90파운드.
================================
총비용 = 746파운드 × 1,730원
= 1,290,580원(당시 2006년 환율 기준)

편이라고 할 수 있다. 영국여행만 한다고 해도 숙박비가 유스호스텔이 아니면 최저 10만 원 이상이고 런던 같은 대도시는 15만 원은 지불해야 욕실 딸린 방에서 묵을 수 있다. 내가 보통 한 달씩 외국에 머물 수 있는 것도 2주 동안 어학연수를 함으로써 여행경비를 줄일 수 있었기 때문이다.

## 한여름 밤, 히드로공항에 도착하다

한여름이었던 7월, 일요일 저녁 9시가 넘어 런던 히드로공항에 도착했다. 출국장으로 나오자 비트랭귀지센터의 한국인 에이전트가 내 영문이름이 적힌 피켓을 들고 기다리고 있었다. 남편과 나는 먼저 에이전트 안내로 햄버거로 간단히 저녁을 때우고 차에 올랐다. 컴컴하고 한적한 도로를 한 시간쯤 달려서 본머스에 도착하니 밤 12시가 다 되어갔다. 에이전트는 먼저 나를 영국인 홈스테이에 내려주고 남편이 묵을 한인민박으로 떠났다.

그 당시 본머스에는 민박을 전문으로 하는 곳이 없어 남편은 에이전트의 소개를 받아 그가 다니는 한인교회 집사의 집에 묵기로 했다. 5박에 100파운드(1일에 20파운드, 대략 3만 4,600원)를 지불했다. 아침과 점심에는 시리얼이나 토스트, 라면을 주고 저녁에는 한식을 해주고 세탁까지 해주기로 했다. 남편은 상당히 저렴한 숙박비를 내고 내 집처럼 편하게 지내면서 동네는 물론이고, 본머스 구석구석까지 구경했고, 근교의 솔즈베리 대성당과 스톤헨지 등을 돌아보았다.

자정이 넘은 시간이었지만 첫눈에 봐도 지성미가 물씬 풍기는 홈스테이 부부는 단정한 차림으로 나를 기다리고 있었다. 간단히 인사

솔즈베리 대성당 전경

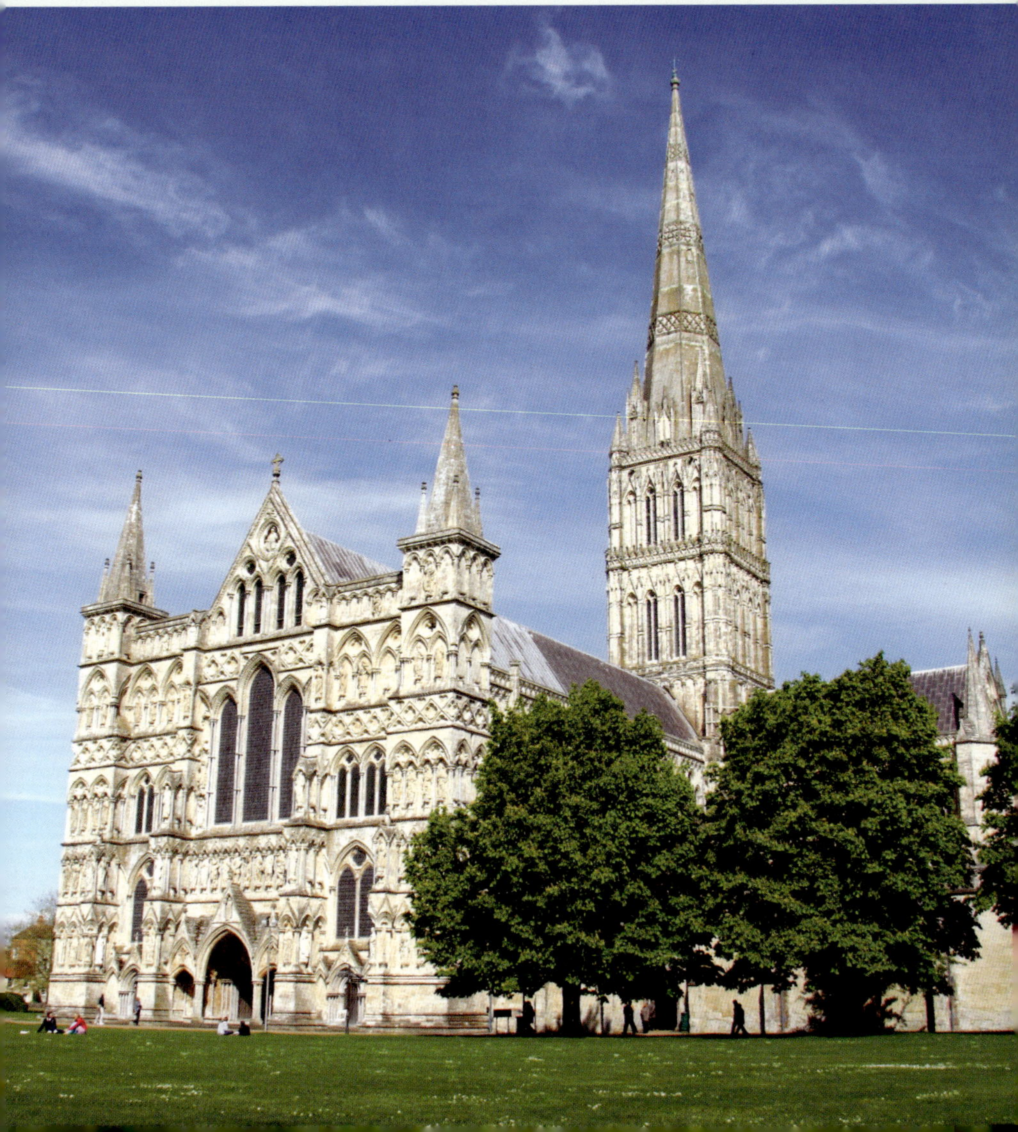

홈스테이 거실의 많은 책

를 나누고 홈스테이 맘을 따라 2층에 있는 침실로 올라가면서 집 안을 슬쩍 살펴보았다. 거실의 사방은 책꽂이로 꽉 차있었고, 한쪽에는 피아노가 있었다. 벽면 사이사이에는 외국여행에서 사 모은 듯한 기념품들과 책이 함께 진열되어 있었다. 계단을 올라가는 복도 곳곳에도 낮은 책꽂이들에 책들이 정돈되어 있어 주인의 지성을 짐작할 수 있었다.

안내받은 내 방문을 열자 잔잔한 영국풍의 전통 꽃무늬 프린트 커튼과 침대 커버가 보였다. 정갈한 안주인의 성격을 그대로 보여주는 듯했다. 침대 옆 벽에 붙여놓은 작은 책꽂이에도 몇 권의 책들이 가지런히 꽂혀있었다. 방을 둘러보다가 책들을 살펴보니 머무는 동안 읽을 만한 쉬운 책들이었다. 본머스를 떠나기 전에 적어도 두 권을 읽겠다고 마음먹었다. 다음날 아침 화장실에 가보니 변기 위에도 두툼한 간디 자서전이 놓여있었다. 아마 내 옆방의 홈스테이 학생, 독일 노총각이 읽는 것 같았다.

### 홈스테이 부부, 진짜 영국인을 만나다

홈스테이에서 학교까지는 걸어서 30분 정도 걸렸다. 홈스테이 대드 리처드가 내가 다니는 영어학교의 교감선생님이라 나와 독일 노총각은 아침마다 그의 고물차로 등교했다. 집으로 돌아올 때는 수업이 1시에 끝나는 독일 노총각은 혼자 왔고, 거의 매일 5시에 수업이 끝났던 나는 리처드의 차를 타고 다녔다. 수업을 마치고 교무실 창문 앞에서 서성이고 있으면 리처드가 알았다는 신호를 보냈고, 그러면 나는 주차장으로 가서 기다렸다.

집에 돌아오면 홈스테이 맘 사라는 늘 부엌에서 식사준비를 하고 있었고, 독일 노총각은 뒷마당의 잔디밭 의자에 앉아 두꺼운 책을 읽고 있었다. 독일 노총각은 고등학교에서 영어교사로 일하고 있지만 박사 학위까지 받았다는 자부심이 대단했다. 그런데 머리를 많이 써서인지 나이에 비해 심한 대머리였다. 그는 취미가 피아노 치기였는데, 어느 날 연주를 들어보니 취미라고 하기에는 실력이 수준급이었다. 주말마다 부모님 댁을 찾아가는 효자였고, 지독할 만큼 검소한 전형적인 독일인이었다. 그는 식사나 문화비는 아낌없이 썼지만 구멍 난 양말을 기워 신을 만큼 알뜰했다. 한 번은 내가 맘에 드는 코트가 있는데 조금 비싸서 고민이라고 했더니 가격을 물었다. 내 대답을 들은 그는 절대 사지 말라면서 고개를 절레절레 흔들었다.

나는 옷을 갈아입고 읽을 책 하나를 들고 잔디밭으로 나갔다. 어

본머스 근교의 전형적인 코츠월드Cotswolds 시골마을

느새 평상복으로 갈아입은 리처드도 담배를 물고 앉아 신문을 펼쳐 놓고 퍼즐인지 퀴즈인지를 풀고 있었다. 나는 두 남자 사이의 적당한 곳에 자리를 잡고 앉아 슬슬 이야기를 시작했다. 이 시간은 나만의 프리토킹 시간이었다. 그것도 최고의 강사진과 함께하는!

그렇게 잔디밭에서 쉬고 있으면 사라가 식사를 하라고 불렀다. 식탁 은 언제나 사라가 직접 텃밭에서 재배한 채소와 과일 위주의 '해피푸 드('organic'이라는 말보다 나는 사라가 사용하는 이 단어가 더 좋았다)'였다.

사라는 키가 늘씬하고 깔끔한 전형적인 영국 여성의 외모를 가지 고 있었는데, 사회사업 분야의 일을 한다고 했다. 그 분야의 석사 학 위를 소지한 엘리트로 본머스에서는 지역인사로 인정받는 사람이었 고, 엘리자베스 여왕의 오찬에 초대도 받았단다. 가사일을 할 때를 빼고는 집에서도 늘 학술논문과 보고서를 쓰느라 컴퓨터 앞에 앉아 있었다.

그런데 희한하고 궁금한 게 하나 있었다. '집 앞 뜰에는 잔디 말고 는 상추 한 포기도 보이지 않는데, 텃밭이라니……. 대체 텃밭이 어 디 있다는 거야?'

어느 날 더 이상 궁금함을 참지 못해 사라에게 물었다.

본머스 해변의 산책로

"사라, 텃밭은 어디에 있어요?"

"차로 10분만 가면 해변가에 본머스 시에서 제공하는 텃밭이 있어요. 구경하고 싶어요?"

"네, 무척이요!"

"그럼, 내일 방과 후에 같이 가볼래요?"

### 영국인들도 텃밭을 가꾸더라!

다음날 오후, 사라의 차를 타고 해변가에 있는 텃밭을 보러 갔다. 길게 펼쳐진 해변을 따라 달리던 차가 천천히 대로로 진입하더니 장미울타리가 길게 뻗어있는 길가에 멈췄다.

"여기가 텃밭이라고요?"

"들어가 봐요."

울타리 안으로 들어서자 여기저기 각종 과일나무와 장미넝쿨이 보기 좋게 어우러져 있었다. 백합, 샐비어, 코스모스까지 많은 꽃들이 저마다 개성을 뽐내고 있었다. 그 꽃나무 사이사이에 얼마 안 되는 채소와 토마토가 겨우 텃밭의 명분을 유지하고 있었다.

사라네 텃밭에는 꽃은 거의 보이지 않았다. 감자, 상추, 토마토, 내

본머스 해변 전경

어깨쯤 자란 베리나무들이 푸른 잎으로 건강미를 과시하고 있었다. 줄기마다 진자주색과 검정색의 베리가 촘촘히 매달려 있었다. 사라는 베리잼을 만들겠다며 부지런히 열매를 땄는데, 내게는 한 바퀴 돌면서 텃밭 구경을 하라고 했다.

여기저기 보이는 사람들은 주로 노부부들이었다. 그들은 여유로운 손길로 꽃나무를 손질하면서 오순도순 이야기를 주고받았다. 채소보다 꽃이 더 많은 텃밭으로 다가가 노부부에게 슬쩍 말을 걸어보았다.

"꽃들이 너무 아름답네요!"

내가 말을 걸어오기를 기다렸다는 듯이 부부는 자기네 밭이 가드닝 콘테스트에서 입상한 밭이라며 자랑을 늘어놓았다. 함께 꽃밭을 가꾸며 행복해하는 영국 노부부의 모습을 보자 부럽기도 하고 남편 생각도 났다.

신선하고 푸짐한 저녁식사를 하고 나면 두 남자는 다시 잔디밭으로 나가고, 나는 숙제하러 방으로 올라왔다. 비트랭귀지센터는 내 고등학교 시절처럼 문법 숙제가 많았다. 게다가 교사라는 신분 때문에 숙제를 대충할 수도 없었다. 그래서 숙제를 하다가 잘 모르는 부분이 나오면 주방으로 내려가 사라에게 도움을 청했다.

### 엘리자베스 비앤비와 런던여행

비트에서의 첫 주말, 금요일 수업을 마치고 곧장 고속버스터미널로 향했다. 그곳에서 남편을 만나 런던에 가기로 했다. 주말이라 버스표

가 매진될 수 있다는 리처드의 말을 듣고 표는 미리 예매해두었다.

터미널에 도착하자 평소에는 늘 약속시간에 늦었던 남편이 상기된 표정으로 기다리고 있었다. 오랜만에 아내를 만난다는 설렘 때문이었는지, 외국에서 혼자 지내면서 느낀 불안감 때문이었는지 모르겠다. 터미널에 있는 맥도날드에서 간단히 점심을 먹고, 우리는 버스에 올랐다.

남편과 나는 창문 밖 풍경이 한눈에 들어오는 버스 맨 앞의 기사 옆자리에 앉았다. 하늘색 와이셔츠를 입고 점잖게 운전하는 영국 기사가 운전하는 차는 적당한 스피드를 냈고, 창밖으로 스쳐가는 잔잔한 풍경은 한없이 평화로웠다. 두어 시간을 달려 버스는 런던 한복판에 있는 빅토리아 코치스테이션에 도착했다. 빅토리아 코치스테이션에서 내가 예약한 비앤비까지는 걸어갈 수 있을 만큼 가까운 거리였다. 남편이 걸어서 시내를 구경할 수 있도록 런던 한복판에 숙소를 예약한 것이다.

여행 책자를 보다가 이름이 예뻐서 예약한 엘리자베스 비앤비는 지하층인 데다 방이 너무 작았다. 둘 다 날씬한 편인 우리가 동시에 움직이면 서로 몸이 부딪힐 정도였다. 1박에 96파운드(대략 17만 원)나 주고 예약했는데 시간을 되돌리고 싶었다. 방은 작았지만 TV며 책상까지 갖출 건 다 갖추고 있었다. 책상 위에는 앙증맞은 꼬마 선풍기도 있었다. 엘리자베스라는 이

름과 전혀 어울리지 않게 창밖으로 보이는 풍경은 회색 벽과 침침한 계단뿐이었다.

엘리자베스 비앤비에서 이틀을 묵고 숙박비를 계산하면서 지하와 지상의 방값이 다르냐고 물었다.

"아니요. 방이 맘에 들지 않았나요?"

"네, 컴컴하고 전망이 전혀 없어서요."

"다음번에 예약할 때는 베이스먼트(지하층)는 싫다고 말하세요. 다른 손님들은 오히려 지하층을 선호해요. 어둡고 조용해서 잠이 잘 온다고요. 어차피 낮에는 관광하고 밤 늦게 들어와 잠만 자니까요"

남편은 엘리자베스 비앤비에 닷새 동안 더 머물면서 런던 시내 곳곳을 구경하고 공연을 봤다.

본머스 비트랭귀지센터에서 보낸 2주일은 내게 영어공부와 독서에만 전념했던 가장 '열공'했던 시간이었다. 남편은 5일간 본머스에 머물며 잘 기획되어 관리되는 도로시설과 많은 공원들, 시설 좋은 도서관과 박물관 수를 보면서 영국이 진정 부자나라임을 실감했다고 한다. 심지어 작은 개인 박물관이 참 많았는데, 그런 곳들도 박사급 큐레이터들이 두어 명씩 있었다. 그들이 한 곳에서 20년 이상 근무했다는 이야기를 듣고 영국의 문화수준에 한 번 더 놀라워했다.

## 찰스 황태자를 만난 테트베리의 카페

본머스에서 공부를 끝내고 여유 있게 돌아보는 슬로우라이프 여행을 생각했다. 본머스에서 2시간 거리에 있는 테트베리Tetbury의 카페 여행은 아주 특별했다.

세계 어디를 가도 그곳에 사는 사람들이 이용하는 시골 버스는 느릿느릿하고 여유롭고 푸근한 정이 있다. 그것은 우연히 차에 함께 탄 여행객에게도 풍성함을 전염시키는 묘한 마력이 있다. 테트베리행 버스를 탔을 때 나는 그런 여유로움에 감염되었다. 한 할머니가 버스에서 내리기 전에 젊은 버스기사에게 인사를 건넸다.

"Thank you, driver. Good-bye(기사 양반, 고마워요. 잘 가요)."

이 짧은 문장을 어찌나 천천히 구사하던지! 그리고 마찬가지로 느릿느릿한 동작으로 차에게 내렸다. 그래도 누구 하나 싫은 내색을 하거나 조급해하는 사람이 없었다. 운전기사와 승객들은 처음부터 끝까지 미소를 지으면서 할머니를 지켜봤다. 나도 모르게 내 입가에도 미소가 번져 있었다. 그들의 정에 전염된 것이리라.

얼마간 나도 시골 버스의 편안함 속에서 바깥 풍경을 즐겼다. 그런데 시간이 흐르자 목적지를 지나치지 않을까 불안해지기 시작했다. 버스가 정류장에 설 때마다 나는 섰다 앉았다를 반복했고, 매번 주위에 앉아있는 사람에게 정거장 이름을 확인했다. 그때 내 뒤에 앉아 있던 흑인 아줌마가 내 등을 가볍게 톡톡 치더니, 안심을 시켰다.

"Sit down. Relax(편안히 앉아 있어요)."

그리고 테트베리서 승객이 모두 다 내릴 것이니 걱정 말라고 했다. 과연 버스가 테트베리에 도착하자, 모두들 자리에서 일어났다.

테트베리는 영국의 찰스 황태자가 살고 있는 동네다. 그래선지 영국 고유의 문화가 거리 곳곳에 남아있었다. 버스정류장에서 중심가 쪽으로 천천히 걸어가면서 영국풍의 가게들도 구경하고, 작은 갤러리에 들러 영국 풍경이 담겨 있는 카드도 몇 장 샀다. 영국 냄새가 물썬 나는 거리에 빠져 돌아다니다 보니 어느새 점심시간이 훌쩍 지나 있었다. 시골 분위기에 맞게 붐비지 않고 호젓한 곳에서 식사를 하고 싶어 길 양쪽으로 죽 늘어서 있는 레스토랑과 카페의 간판을 살폈다. 하늘색 페인트 건물에 검정색으로 'Café Edge'라고 쓰여 있는 작고 예쁜 간판이 눈에 들어왔다.

카페 문을 밀고 들어서니 안쪽에서 브런치를 즐기고 있던 노인 커플이 벌떡 일어나 반갑게 맞아주었다. 전혀 영국 같지 않은 분위기였다. 떠들썩한 소리에 주방에서 일하고 있던 카페주인이 무슨 일인가 살피러 나왔다. 다니엘이라고 인사를 건넨 주인은 그 노인 손님들은 자신의 친구들이라고 덧붙였다. 얼결에 나도 간단히 내 소개를 했다. 수프를 주문했더니, 마침 버섯 수프가 한 그릇 남았다며 내가 운이 좋다고 말했다.

가족 같은 친근한 분위기에서 맛있는 수프를 먹으면서 작고 소박한 카페 안을 찬찬히 둘러보았다. 실내 인테리어에 많은 정성을 쏟은 것 같았다. 테이블마다 생화가 꽂혀 있고, 식탁 매트와 양념통, 벽난로 위의 소품 하나하나에서 주인의 높은 안목과 정성을 읽을 수 있었다. 카페가 예뻐 사진을 찍고 싶다고 했더니, 다니엘은 "얼마든지"라며 흔쾌히 그러라 했다. 일본 관광객들도 수없이

찰스 황태자의 가게, '하이그로브 숍'

많이 찍어갔고, 그곳 잡지에도 실렸다고 자랑을 늘어놓았다. 이리저리 자리를 옮기며 사진을 찍다가 벽난로 위에 놓여있는 찰스 황태자의 사진을 발견

했다. 더욱 놀라운 것은 사진 속에서 황태자와 마주 보고 이야기하는 사람이 다름 아닌 카페주인 다니엘이라는 것이었다.

"이 사진에 있는 찰스 황태자와 함께 있는 사람이 다니엘 당신이 맞나요?"

다니엘은 별일 아니라는 듯 가볍게 고개를 끄덕였다.

"찰스 황태자와 어떻게 사진을 찍을 수 있었나요?"

"황태자가 이곳 테트베리에 가게를 하나 열었는데, 그때 내가 도와주었거든요."

"그럼 당신도 함께 투자를?"

"그건 아니고 지역인사로 자문을 해주었어요."

그 사진은 찰스 황태자의 가게 개업식에서 함께 찍은 사진이라고 했다. 그리고는 가는 길에 찰스 황태자가 열었다는 가게 '하이그로브 숍Highgrove shop'을 꼭 구경하라고 말했다. '하이그로브'가 무슨 뜻이냐고 물었더니, '찰스 황태자가 살고 있는 집the home of the Prince of Wales'이란 뜻이라고 했다.

중심가에 있는 하이그로브 숍은 환한 하늘색 창틀과 간판 때문에 주변의 오래된 회색 건물들과 구별되어 찾기가 쉬웠다. 상점 건물뿐만 아니라 실내 곳곳에도 하늘색을 많이 사용한 것을 보면서 찰스 황태자가 유별나게 좋아하는 색깔이 아닐까 생각했다.

하이그로브 숍에서는 영국 차, 찻잔, 바구니, 비누, 정원도구와 같은 생활용품을 팔고 있었다. 매장은 그리 넓지도 않고 화려하지도 않았지만 우아한 영국 왕실의 기품이 느껴졌다. 기념으로 카드를 한 장 샀는데, 카드가 담긴 봉투에 이런 글귀가 쓰여 있었다.

"하이그로브 숍의 모든 수익금은 황태자의 자선기금으로 쓰입니다."

자선과 기부를 중시하는 영국 문화의 한 단면을 보는 것 같았다.

### 솔즈베리 대성당Salisbury Cathedral

800년 역사를 자랑하는 솔즈베리 대성당은 영국에서 가장 높은 첨탑을 가진 성당이다. 스톤헨지로 가는 길에 우뚝 솟은 고딕 스타일 첨탑이 멀리서도 보인다. 하늘에 닿을 듯한 첨탑은 신에게 좀 더 가까이 다가가고 싶은 인간의 소망을 나타낸 것이라고 한다.

이 성당에는 1215년 대헌장(마그나 카르타, 1215년에 영국의 귀족들이 국왕 존John에게 강요하여 왕권의 제한과 제후의 권리를 확인한 문서로, 영국 헌법의 근거가 된 최초의 문서다) 원판이 보관되어 있다. 아직도 작동하고 있는

솔즈베리 대성당의 화려한 스테인드글라스

교회시계는 유럽에서 가장 오래된 것이고, 단일 건물로는 영국에서 가장 아름다운 건축물로 인정받고 있으며, 주변 풍경과 잘 어우러져 더욱 빛나는 공간을 연출한다. 기도와 신앙을 위한 장소로는 물론이고, 음악과 미술 행사 등 각종 이벤트까지 이루어지고 있어 성당 주변은 늘 부산하다. 성당으로 이름난 지역이니만큼 차분한 마음으로 성당예배에도 참석하고, 성당 부근에 있는 오래된 예쁜 집들을 구경하며 산책하는 것도 솔즈베리를 즐기는 방법이다.

## 스톤헨지 Stonehenge

스톤헨지는 솔즈베리 대성당에서 북쪽으로 13킬로미터 떨어진 지역에 있는 유명한 선사시대 기념물이다. 고고학자들은 B.C. 3000년~B.C. 2000년 사이에 세워졌다고 추정한다. 영국의 신석기와 청동기 시대의 것들이 공존하고 있고, 주변에는 수백 개의 무덤들이 있다.

주변정리가 잘 되어있는 푸른 초원 위에 우뚝 솟은 돌들이 둥근 원ring 모양을 이루고 있다. 첫 초석이 B.C. 2400년~B.C. 2200년 사이에 세워졌다고 해석되는데, 어떤 청석들은 B.C. 3000년경에 세워졌다는 주장도 있다. 주변을 둘러싸고 있는 제방과 도랑은 B.C. 3100년경 것으로 추정된다. 이 지역은 고대 켈트족 신앙의 종교적

스톤헨지

성지이며 순례지였다. 이 유적과 그 주변은 에이브버리 거석<sup>Avebury</sup> henge과 함께 1986년 유네스코의 세계문화유산에 등재되었다.

스톤헨지는 왕실소유지만 영국문화재청이 관리하고 있고, 주변의 넓은 땅은 국영신탁회사의 소유다. 고고학적 증거에 의하면 스톤헨지는 초기부터 매장지역으로 쓰였던 것으로 추정된다. 오랜 세월에 걸쳐 단계적으로 세워졌고, 엄청난 크기의 어떤 돌들은 수백 킬로미터나 떨어진 웨일스 지방에서 운반되었다는 사실이 밝혀지기도 했다. 청동기, 철기시대 사람들의 생활상을 엿볼 수 있는 증거물이어서 역사에 관심이 있거나 공부하는 학생이라면 영국 남쪽을 여행할 때 꼭 들러볼 만한 곳이다.

## 바스Bath

잉글랜드의 서머셋<sup>Somerset</sup>에 있는 온천도시 바스는 중세시대 수도원<sup>Abbey</sup>과 성당으로 한때 번성한 남부 도시였다. 또 'Bath'라는 이름 그대로 기원전 로마인들에 의해 시작된 온천이 18세기가 되어 발굴

바스의 로마시대 목욕탕

복원되면서 상류층들에게 인기를 끌어 화려하고 우아한 관광지로 발전했다. 제2차 세계대전 때 공격을 받아 도시가 많이 손상되었지만 여전히 로마시대의 목욕탕과 조지왕조 시절의 건축물들이 상당 부분 남아있어 인구 8만 명의 작은 도시지만 많은 관광객들의 발길이 끊이지 않고 있다.

지금도 세 개의 온천이 관광자원으로 남아있는데 그레이트 바스에는 물이 식지 않도록 로마인이 고안한 석판이 깔려있어 뜨거운 물이 항상 넘친다. 바스의 명물인 고딕양식으로 지어진 수도원 앞 광장은 늘 사람들이 북적거려 활기가 넘치고, 옛 도시답게 조지스트리트와 마가렛 빌딩 등에는 개성있는 골동품가게들이 즐비하다.

가장 영국적인 전원이 그대로 남아있는 코츠월드Cotswolds 끝자락인 바스는 경관도 아름다워 천천히 운하를 따라 걸어도 좋다. 잉글랜드 남부의 유명한 관광지답게 각종 가이드투어가 많아 주변 코츠월드나 솔즈베리 등의 당일여행이 가능하다.

바스의 에이번Avon 강가

# Studio Cambridge

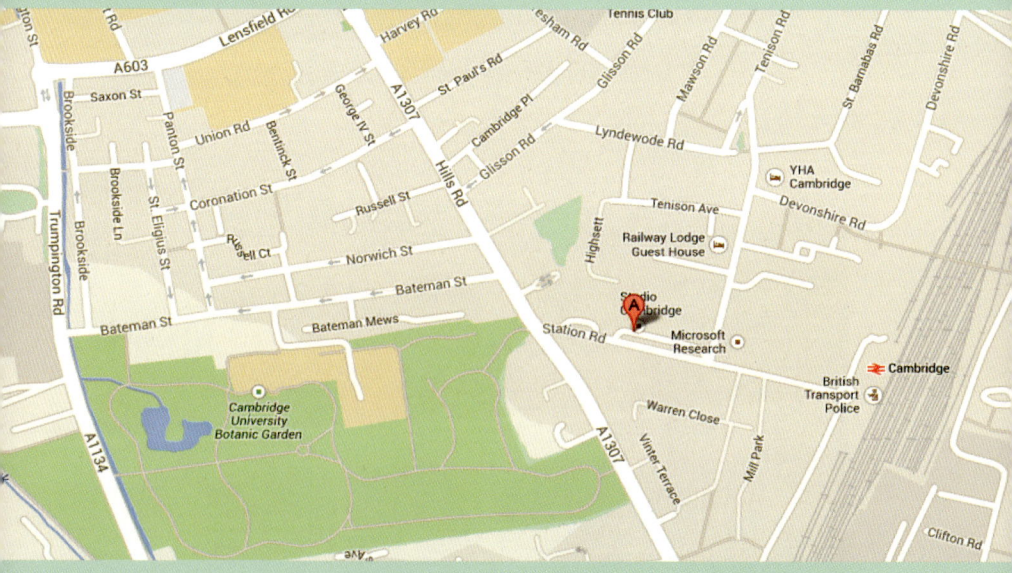

# 학구적인 분위기의
# 스튜디오 케임브리지

　영국 잉글랜드 지방의 중앙부에 위치한 대학도시 케임브리지는 런던 중앙역에서 기차로 45분, 빅토리아 코치스테이션에서 버스로 1시간 30분 거리에 있다. 히드로공항에서 내셔널익스프레스National Express 버스를 이용하면 케임브리지 중심가 드러머 스트리트Drummer Street에 곧장 도착한다.

　옥스퍼드와 나란히 '옥스브리지'라는 말로 두 대학도시를 언급하는데, 케임브리지는 옥스퍼드와 전혀 다른 분위기로 도시 전체가 대학을 중심으로 이루어져 있다. 옥스퍼드가 인문사회 과학으로 유명한 반면, 케임브리지는 자연과학 분야에서 수많은 천재를 배출했다. 영국 시골도시이면서도 극장과 미술관, 수많은 박물관, 각종 운

동장을 갖추고 대학도시로서의 면모를 과시하고 있다.

1954년에 설립된 스튜디오 케임브리지는 케임브리지에서 가장 오래된 영어학교로 영국문화원 인증학교다. 코스에는 General English, Intensive English, IELTS, Cambridge Exam, TOEIC exam preparation, CELTA Certificate Course 등이 있다. 16세부터 수업 신청이 가능하고 기차역에서 학교까지 걸어서 2분밖에 걸리지 않는다. 시내에서도 버스나 자전거를 타면 10~15분밖에 안 걸린다. 케임브리지를 돌아다니는 최고의 방법은 전통적으로 자전거 타기다. 자전거는 등교 첫날 학교에 신청하면 주당 15파운드에 대여받을 수도 있다.

스튜디오 케임브리지의 가장 큰 특징은 홈스테이 외에도 가격에 따라 다양하게 숙소를 선택할 수 있다는 점이다. 개인적으로 나는 첫 4주는 친절하고 안전한 홈스테이를 권하고 싶다.

방과 후에는 거의 매일 pub nights, movie and pizza nights, punting, trip to football matches 등 다양한 사회활동 프로그램이 있고, 주말에는 추가비용을 내면 옥스퍼드, 요크York, 스트랫퍼드Stratford, 에든버러Edinburgh뿐 아니라 파리Paris, 암스테르담Amsterdam까지 여행할 수 있다. 그래서 개인적으로 따로 여행을 꾸리지 않아도 저렴하고 안전한 학교여행으로 영국 전역과 유럽을 즐길 수 있다.

스튜디오 케임브리지의 영어교사 코스는 여름방학과 겨울방학에만 특별히 운영하는 과정으로, 영어교수법과 기술을 중심으로 수업을 진행하는데 비영어권 교사들의 영어실력 향상에도 초점을 맞추어 수업을 진행한다. 매 수업시간마다 자료를 나누어주는데, 동료들과 세미나, 수업참관, 토론 등을 통해 새로운 교수법을 배우고 수업에 적용하는 법을 연습한다.

두 명의 강사가 오전과 오후로 나누어 수업을 하는데, 수업시간은 오전 9시 15분에 시작해서 90분간 이루어진다. 그리고 30분의 커피 브레이크가 있고, 12시 45분부터 1시 45분까지 점심시간, 오후 1시 45분부터 3시 15분까지 오후 수업이 이루어지고 끝난다. 가끔 점심시간에 문학강좌 특강이 있는 경우도 있다. 교사과정이니만큼 2주 동안 매 시간 영어의 모든 분야는 물론 영국문화와 교육, 셰익스피어, 신문 기사, 게임, 노래까지 다양하게 다룬다.

내가 가장 기억에 남았던 교수법은 노래를 들으면서 올바른 순서로 문장 배열하기였다. 먼저 선생님이 학생들에게 한 구절씩 노래가사가 쓰여있는 스트립을 무작위로 나누어준다. 그 다음 선생님이 녹음기로 'Moon River'를 들려주고 학생들은 노래가사를 듣고 있다가 자기가 가지고 있는 가사가 나오면 얼른 교탁 앞으로 나가서 차례대

스튜디오 케임브리지 기숙사

로 선다. 노래가 한 번 끝나면 선생님은 다시 녹음기를 트는데, 이번에는 노래가 나올 때 각자 자기가 가지고 있는 가사 부분만 큰소리로 부른다. 일종의 '노래 릴레이'인 셈인데, 마지막 구절은 선생님이 마무리했다. 선생님의 노랫소리가 꾀꼬리 같이 아름다웠는데, 강의실에 울려퍼지는 노래가 케임브리지 분위기와 어찌나 잘 어울리는지 로맨틱하면서도 감동적이었다.

영어교사 코스를 듣는 학생은 9명이었다. 팔레스타인, 스페인, 이태리, 독일, 러시아 국적의 선생님이 각각 한 명씩이었고, 나를 포함해 네 사람은 우리나라 선생님들이었다. 팔레스타인에서 온 선생님은 국가장학생으로 선발되어 케임브리지 2주, 옥스퍼드에서 2주 연수를 받는다고 했다. 러시아에서 온 선생님은 사범대학 영어교육학과 교수였는데, 다음 학기 강의를 준비하기 위해 케임브리지에 왔다고 했다. 점심도 강의실에서 책을 보면서 바게트와 물로 대충 때웠고, 필기를 꼼꼼히 하는 게 인상적이었다.

수업 중에 가장 힘들었던 점은 스페인과 이태리에서 온 선생님들의 영어발음이었다. 그들의 발음을 어찌나 알아듣기 힘든지 짝이 되거나 한 그룹이 되면 여간 스트레스가 아니었다. 게다가 스튜디오 케임브리지는 내가 잘 알고 지내던 동료 선생님 세 명과 함께 갔는데 그 선택이 잘못되었다는 걸 나중에야 알았다. 각각 다른 학교에서 공부

케임브리지의 민박집 전경

했더라면 훨씬 더 효율
적으로 공부할 수 있었
을 텐데 하는 후회와
아쉬움이 많이 남았다.

　방과 후에는 매일
시내 구경이나 박물관
구경을 나갔고, 돌아오
는 길에는 음식을 사가
지고 와서 기숙사 주방

★ 총 연수비
(EFL 20 lessons 2주 기준)
수업료 1주 220 × 2 = 440파운드
홈스테이(중급) 1주 188 × 2 = 376파운드
등록비 70파운드
========================
총 886파운드 × 1751.10원
= 1,551,474.6원 (2014. 6. 3 환율 기준)
＊ 픽업비는 별도.

에서 함께 먹고 그 후에는 각자 개인시간을 보냈다. 덕분에 나름대로
의미 있는 시간을 보낼 수 있었다. 어떤 이는 책을 읽었고, 어떤 이는
방에 콕 박혀서 글을 썼고, 어떤 이는 산책을 나갔다. 나는 주로 내 방
책상에 앉아 좋아하는 커피와 도넛을 먹으면서 창 밖으로 보이는 정원
을 바라보거나 책을 읽었다. 첫째 주 주말에는 학교에서 가는 주말여
행으로 요크와 스트랫퍼드에 다녀왔다.

　스튜디오 케임브리지에서 가장 좋았던 것은 기숙사 생활이었다.
짧은 기간이지만 세계적으로 역사와 전통을 자랑하는 케임브리지에
서의 기숙사 생활은 느슨해지고 있는 나의 꿈과 학문에 대한 열정에
다시 불을 지폈다.


### 그녀들, 내 인생에 파동을 일으키다

　우리 네 명의 일행은 런던에서 버스를 타고 케임브리지에 도착해
시내의 버스터미널에서부터 무거운 가방을 질질 끌고 물어물어 가

면서도 기대와 흥분으로 피곤한 줄을 몰랐다. 기숙사에 도착하니 벌써 어둑어둑한 저녁이었다.

기숙사의 육중한 철제문을 열고 안으로 들어섰더니 입구에 등록 카드가 비치되어 있었다. 서명을 한 우리 넷은 각자 다른 방을 배정받았다. 방문을 열었더니 서늘한 공기가 감도는 제법 널찍한 방이 기다리고 있었다. 그곳에는 골동품가게에나 있음직한 오래된 책상과 침대, 의자가 가지런히 놓여있었고, 벽 여기저기에는 이 방을 거쳐간 학생들의 방명록인 듯한 낙서들이 보였다.

창가 앞의 책상에 앉아 밖을 내다보니 석양 아래 푸른 잔디와 라벤더 정원이 그림같이 펼쳐져 있었다. 구식 스탠드를 켜보니 희미한 불빛이 마치 어린 시절 할머니 댁에서 보았던 램프 불빛 같았다. 마음이 차분해지고 고즈넉한 기분이 들었다.

그동안 쌓였던 비행의 여독도 풀고 다음날부터 활기차게 케임브리지 생활을 하기 위해 일찌감치 잠을 청했다. 그런데 시간이 지날수록 밤공기가 차가워졌다. 급기야 담요를 머리까지 뒤집어써도 잠을 이룰 수 없었다. 이리저리 뒤척이다 결국 두꺼운 양말을 꺼내 신고 담요를 겹으로 덮고서야 겨우 잠이 들었다. 참고로 케임브리지는 한여름도 초가을 날씨다. 골목에는 낙엽이 뒹굴고 하늘은 높고 푸르다. 결국 나는 다음날 스웨터를 사서 입었다.

나는 새벽녘 창밖에서 들리는 새소리에 눈을 떴다. 주방에서 뜨거운 커피를 타가지고 와서 책상 앞에 앉으니 어제와는 또 다른 감회가 밀려왔다.

'아, 내가 지금 세계적인 학문의 전당 케임브리지 대학 기숙사에

# ENROLMENT FORM

## Personal Details

Family name: _____ First name: _____

Male/Female: _____ Date of Birth: _____ email: _____

Student home address: _____

Name and telephone number for emergency contact: _____

## Course Details

Start date: _____ End date: _____ Number of weeks: _____

Type of course.  **Please tick ✓**

    Full-time Intensive General English Course ☐     FCE Exam Course ☐

    Part-time General English Course ☐     CAE Exam Course ☐

    General English and IELTS Preparation Course ☐

What is your level of English now?  **Please tick ✓**

Beginner ☐ Elementary ☐ Lower Intermediate ☐ Intermediate ☐ Upper Intermediate ☐ Advanced ☐

## Important homestay information

First night in homestay_____ Leave homestay on_____ Number of weeks _____

Do you smoke?    No ☐ Yes ☐ (all smokers must smoke outside)

Do you have any health problems or allergies?   No ☐ Yes ☐ details: _____

What do you do in your home country?

Student?   No ☐ Yes ☐ What are you studying? _____

Working? No ☐ Yes ☐ What is your occupation?_____

Do you have any special requirements? _____

What are your hobbies or interests? _____

Is there any food you cannot eat? _____

Are you a vegetarian?              Yes ☐ No ☐

Are you planning on buying a car?  Yes ☐ No ☐

Do you like pets?                 Yes ☐ No ☐ (most families have a pet in their household)

Do you like children?            Yes ☐ No ☐

## Travel information

Arrival details: Date_____ Time_____ Flight number_____

Do you require free airport/bus pick-up?  Yes ☐      No ☐

## Insurance

Yes ☐     I promise to arrange insurance cover.

Yes ☐      My insurance includes cover cancellation. I understand that there are no refunds of tuition fees if there is a family illness or any problem which requires me to finish studying early after the first week of study.

                   Please turn over to complete the form…

와 있구나!'

그 순간 나는 이 세상에서 내가 제일 행복한 사람이라고 느꼈다.

아침식사는 학생식당인 채플실에서 했다. 나는 아예 수업준비를 해가지고 식당으로 갔다. 천장이 높고 웅장한 채플실 입구에서부터 커피 향과 구수한 빵 냄새가 식욕을 자극했다. 식당에서 다시 만난 동료들과 즐거운 수다를 나누며 영국 정통 아침식사를 배부르게 먹었다. 기숙사에서는 아침식사만 제공하기 때문에 점심과 저녁은 학생들이 각자 해결해야 했다. 우리는 얼마씩 돈을 걷어 식료품을 구입해 기숙사 주방에서 식사를 해결했는데, 거의 토스트와 과일로 때우다시피 했다. 그래서 제대로 차려진 따뜻한 음식을 마음껏 먹을 수 있는 아침식사가 정말 소중했다.

처음 며칠은 동료들과 시간을 정해 같이 아침을 먹었지만, 나는 서서히 유럽인들 사이에 끼어들었다. 자연스럽게 인사를 하고 말을 걸면 그들은 거리낌 없이 내게 옆자리를 권했다. 그렇게 매일 같은 시간에 만나는 외국 친구들과 가까워지기 시작했고, 그들과 나누는 색다른 화제가 맘에 들었다.

특히 나와 같은 기숙사 건물에 묵고 있는 독일 여성 헬가Helga와 그녀의 친구 덴마크 여성 헤니Hanne와 친해졌다. 둘 다 나보다 한참 나이가 많았다. 50대 후반인 헬가는 대학에서 비서로 일하고 있고, 헤니는 덴마크에서 꽤 유명한 컨설턴트였다. 둘은 대부분의 유럽인들처럼 영어를 듣고 말하는 데는 전혀 문제가 없을 만큼 유창했다. 그래서 점심시간에 진행되는 문학강좌도 듣고 셰익스피어 워크숍에도 참석했다. 방과 후에는 케임브리지 시내를 구경하거나 공연을 보러

세익스피어극 전용극장 R.S.C

다녔다. 언제부터인지 모르지만 나도 그들과 동선을 함께하고 있었다. 그때만 해도 외국여행 경험이 별로 없었던 때라 혼자서는 엄두도 못 내던 밤 공연도 따라가서 보았다.

어느 날은 대학 잔디밭에서 공연한 세익스피어 작품 '십이야The Twelfth Night'를 보았는데, 자정이 다 되어 끝나서 콜택시를 타고 숙소에 돌아오기도 했다. 잔디밭을 무대로 한 공연에서는 배우들이 나무 뒤에서 등장했다. 어린아이를 데리고 나온 가족들은 피크닉박스에 음식을 담고 돗자리와 담요를 준비해 와서 무대 앞에 자리를 잡고 앉아 연극을 관람했다. 우리나라에서는 볼 수 없는 색다른 모습이었는데, 생활 속에서 즐기는 영국인들의 문화생활이 아주 부러웠다. 밤에는 추울 거라는 헬가의 충고를 듣고 나도 방에 있는 담요를 배낭에 넣어 갔는데 잘 사용했다. 헬가와 헤니의 영어실력은 연극을 보는 데도 전혀 지장이 없을 정도였다. 배우들이 주고받는 대사를 들으며 웃고 즐기는 그들 속에서 나는 듣기 실력의 부족함을 절감했다.

우리 셋은 케임브리지에 있는 대학 중 가장 유명한 킹스 칼리지King's College 채플실에서 공연하는 파이프오르간 콘서트에도 갔다. 종교음악 자체가 길고 지루한 데다 예배당의 장엄한 분위기는 깜빡 졸기에 안성맞춤이었다. 성격이 솔직한 헤니는 콘서트장을 나오며 "sophiscated(복잡 미묘하다는 의미로 여기서는 철학적인 뉘앙스를 담고 있음)"라는 한 단어로 감상평을 이야기했는데, 아주 적절한 표현이라고 생각했다.

두 사람의 직업이나 나이로 봐서는 영어가 딱히 필요할 것 같지 않아서 케임브리지에 연수 온 이유를 물어본 적이 있다.

"영어는 교양상식이어서 누구나 필요하죠"라고 대답한 헤니는 덴마크에서도 한 달에 두 번씩 개인지도를 받고 있고, 헬가는 수입의 10퍼센트를 자기계발비로 사용하는데 주로 여행을 하거나 문화교육비로 쓴다고 했다. 이 대화를 계기로 나도 수입의 일정 부분을 성장과 발전을 위해 써야겠다고 결심했다. 나는 주로 영어연수와 여행을 하는 데 할애했는데, 결심 전후의 내 인생은 전혀 다른 삶이라고 할 만큼 큰 변화가 일어났다. 영어실력이 나아지는 것은 말할 것도 없고, 여행을 다녀올 때마다 점점 더 커지는 자신감과 삶에 대한 의욕은 일상생활에서 권태감을 몰아냈다. 그리고 주위 사람들이 그 비결을 물어올 정도로 삶이 즐거워졌고 활기가 넘쳤다. 낯선 여행길에서 우연히 만난 친구, 그들과 함께 한 시간과 이야기는 나에게 '인생은 신비한 여행 같다'는 긍정적인 마인드를 갖게 했다.

스튜디오 케임브리지에서 내가 배운 것은 다양한 영어교수법이 다가 아니었다. 그 무엇보다 소중한 인생의 멘토를 만났고, 그 만남이 오늘의 나를 있게 했다.

케임브리지 킹스 칼리지

### 킹스 칼리지|King's College

　케임브리지의 간판 킹스 칼리지는 1441년 헨리 6세가 세운 대학이다. 애초부터 왕실의 권위를 과시하기 위한 목적으로 세워져 다른 대학들과 비교할 수 없을 정도로 길고 아름다운 예배당을 지었다. 헨리 6세는 웅장한 뜰great court을 설계하고 세세하게 지시했지만 100년이나 걸려 겨우 예배당만 완성되었다.

케임브리지 킹스 칼리지

애초에 종교적 목적으로 세워진 예배당은 세월이 지나면서 그 용도가 많이 바뀌었다. 1918년 이후 예배당은 성가대의 합창, 페스티벌, 크리스마스이브마다 진행하는 캐롤방송의 장소로 세계적으로 유명해졌다. 예배당으로 명성이 자자한 만큼 킹스 칼리지를 방문할 때는 예배시간이나 성가대 합창이 있는 저녁예배 시간에 맞춰서 참석하면 좋은 경험이 될 것이다. 1634년에 루펜스가 그린 예배당 내부에 있는 회화도 유명하다.

### 과수원 찻집The Orchard Tea Garden

이 과수원의 사과나무는 1868년에 심었다. 과수원 찻집은 1897년 우연히 케임브리지 대학생 하나가 사과나무 아래서 안주인에게 자기네 일행에게 차를 좀 줄 수 있느냐고 요청한 데서 시작되었다.

과수원에서 안주인이 내주는 차를 마셨던 학생들이 학교에 돌아가 즐거웠던 경험을 이야기하자 곧 케임브리지 대학생들이 모여들기 시작했다. 역사와 전통을 자랑하는 케임브리지 과수원 찻집은 그렇게 탄생했다. 그 후로 거의 1세기에 걸쳐 세대를 달리하는 많은 사람들이 차를 마시러 과수원을 찾아왔다. 걸어오기도 하고 자전거를 타고 오기도 하고 배를 타고 그란타강을 건너고 숲을 가로질러 오기도 했다.

과수원 찻집

1909년에 시인 루퍼 브루크Rupert Brooke가 연구에 전념하기 위해 과수원에 와서 잠시 묵은 적이 있다. 그 후 뮌헨과 플로렌스를 여행하던 그는 과수원을

못 잊어 다시 그란체스터로 돌아왔고, 과수원 바로 옆의 오래된 목사관으로 이사했다. 그 마을의 매력에 푹 빠졌던 브루크는 시 '그란체스터 옛 사제관the Old Vicarage, Grantchester'을 썼다. 시의 마지막 구절에서 그는 그란체스터와 과수원 찻집의 서정적인 분위기를 이렇게 묘사했다.

"Stands the church clock at ten to three and is there honey still for tea?(교회당 시계가 10시와 3시에 멈춰 서서 아직도 차 마시기를 기다리고 있을까?)"

아마 그 시절의 교회당 시계가 고장 나서 시계바늘이 10시, 3시 티타임에 멈춰 있었던 모양이다. 그 밖에도 우리가 잘 알고 있는 버트런드 러셀Bertrand Russell과 버지니아 울프Virginia Woolf, 비트겐슈타인Wittgenstein, 케인즈Keynes, 스티븐 호킹Stephen Hawking, 찰스 황태자 등의 수많은 명사들이 이 과수원에서 차를 마시고 갔다.

우리는 이곳에서 수업 종강파티를 했다. 선생님의 빨간 소형차를 타고 싱그러운 풀밭을 지나 과수원에 가는 길은 아주 즐거웠다. 우리나라 사과보다 작은 사과들이 주렁주렁 열려있는 사과나무 아래서 우리는 가벼운 점심을 먹었고, 한창 이야기꽃을 피우다가 갑자기 소나기를 만났다. 그러나 비를 피한답시고 자리를 털고 일어나는 사람은 한 사람도 없었다. 잠시 머무는 이방인이었지만 그때 우리는 영국문화에 푹 젖어 이미 영국인이 되어있었다.

"Forever England(잉글랜드여, 영원하라)."

## 요크York

조지 6세 시절의 영국이 궁금하다면 요크에 가보자. 요크만큼 중세시대를 완벽하게 보여주는 도시는 거의 없다. 요크의 자랑은 도시 전체를 한눈에 내려다볼 수 있는 대성당minster이다. 이 성당을 장식하고 있는 스테인드글라스는 영국에서 가장 규모가 큰 중세 스테인드글라스로, 세계적으로도 중세 컬러글라스로는 가장 규모가 큰 것으로 알려져 있다.

현재의 대성당은 1472년에 완성된 것이다. 지금도 도시 안에는 17개 정도의 교회가 있어 '교회의 도시City of Churches'라고 불린다. 그런데 이 숫자는 중세시대에 50개의 교구교회Parish churches와 2개의 대수도원, 몇 개의 작은 종교적 건물이 있었던 시절에 비하면 아주 미미한 수준이다.

진정으로 요크를 느끼고 싶으면 요크 성에 올라가 시내를 보면 된다. 스톤게이트Stonegate, 쉠블즈the Shambles, 피터게이트Petergate, 미클게이트Micklegate, 콜리어게이트Colliergate 등의 대문들이 그들만의 중세 역사를 고스란히 말해줄 것이다.

요크 성

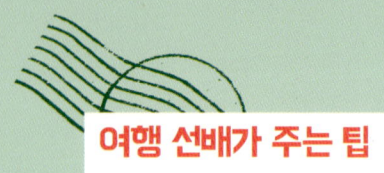

여행 선배가 주는 팁

입학원서 답신 및 홈스테이 정보

## Letter of Acceptance

We accept as a student at Nelson English Centre

### Yong Sook Chung

For the following course on the following dates

**Type of course** FT General English
**Start Date**       7/01/2008
**Weeks**            3
**End date**         25/01/2008

Homestay details, if requested, will be sent as soon as possible.
Kind Regards.

Marlene Kelly
Register

# Homestay Information

**Start date**  5/01/2008      **weeks** 3      **days** 0
**End date**  26/01/2008

**Homestay name**  Jane & George Brown

**Address**    Trafalgar Street, Nelson        **Home phone**

**Email**                        **Mobile phone**

**Walking time to school**    10 mins
Accepts Smokers outside only

**Biking time to school**      3 mins      **Has dogs**  no

**Bus time to school**                    **Has cats**  no

**Child**    2 grown up children

**Notes:**
Jane and George live in a lovely green part of
Nelson. They have a large home, which is only a 10
minutes walk to school and the town centre. They
are an  experienced homestay family, and often have
two students staying. Their interests are fishing,
swimming and gardening. They have a large boat
that their students enjoy having weekends always
on fishing, scalloping and relaxing. George is a
businessman and Jane is a housewife who enjoys
cooking and walking. I'm sure you will enjoy staying
with this great kiwi family.

# *Ireland* '유럽의 보석'이라
불리는 아일랜드

아일랜드는 자연 그대로의 풍광이 잘 보존되어 있고, 멕시코 난류의 영향으로 일 년 내내 날씨가 온화하다. 겨울에 따뜻하고 여름에 시원해서 계절에 관계없이 여행하기에 좋고, 각종 레포츠를 즐기기에 적합하다.

사람들이 소박하고 낙천적이며 다정다감해 외국인에 대한 거부감이 없는 편이고, 여행이나 연수비용도 다른 유럽 국가에 비해 저렴하다. 특히 푸른 초원과 광활한 바다를 배경으로 조성된 400여 개의 골프코스는 빼어난 자연풍광으로 전 세계의 골퍼들을 끌어들이고 있다.

# Pace Language Institute

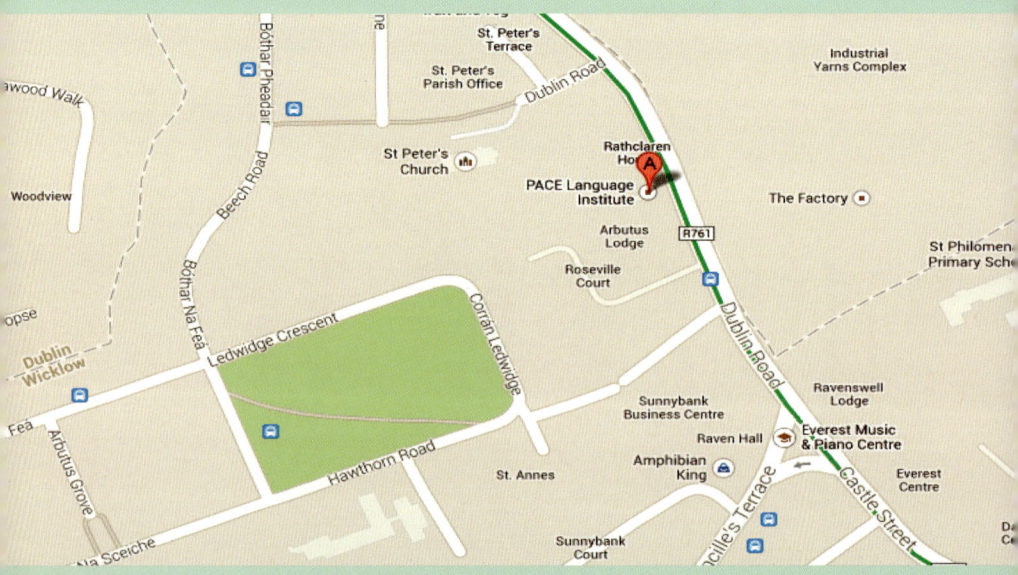

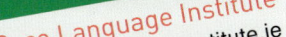

Pace Language Institute
Website : www.paceinstitute.ie
Address : 29 Dublin Rd, Bray, Co. Wicklow, Ireland
Tel : +353 1 276 0922
Email : info@paceinstitute.ie
Fax : +353 1 276 0936

# 영어와 골프를 함께 배운
# 페이스 랭귀지 인스티튜트

브레이[Bray]는 아일랜드의 수도 더블린[Dublin]에서 남쪽으로 19킬로미터 떨어져 있는 해안도시다. 인구는 2만 5,000명 정도로 예전에는 황폐한 교외 주택단지였다. 1854년에 철도가 들어오면서 아일랜드의 브라이튼[Brighton]이 되었다. 제임스 조이스[James Joyce]가 1889년부터 1891년까지 잠시 거주한 적도 있다. 브레이는 해변을 따라 길게 늘어선 저렴한 호텔과 숙소를 찾아 더블린에서 찾아오는 관광객들로 활기가 넘친다. 더블린에서 1시간 이내의 교통시간과 바다, 녹지로 둘러싸인 쾌적한 주거환경, 시내 가까운 곳에 펼쳐진 그림 같은 풍광의 골프코스와 저렴한 그린피 때문에 많은 골퍼들이 찾는 곳이다.

페이스 랭귀지 인스티튜트는 1990년에 설립된 아일랜드 교육부

ACELS: Irish Department of Education 인정 영어학교다. 학생 수가 적고 건물도 크지 않지만 뒤뜰에는 아담한 정원도 있고 교직원들의 가족적인 분위기가 처음 온 학생들에게도 친근감을 갖게 하는 장점이 있다.

방학 중에는 주로 이태리와 스페인 학생들이 단체로 영어공부를 하러 오고, 프랑스 학생들도 꽤 있다. 비교적 연령층이 젊지만 간혹 비즈니스 영어나 골프를 치러 오는 나이 든 사람들도 있다. 코스에는 General English Courses, Exam Preparation, Business English, Work & Study, Language Plus(Golf, Horse Riding), Home Tuition 등이 있다.

특별히 다른 영어학교와 차별화되는 부분은 일하면서 공부하는 'Work & Study'와 'Language Plus' 코스다. Work and Study는 최소 3개월 이상으로, 일은 주로 가사일이나 아이들을 돌봐주면서 대가로 숙식을 무료로 제공받는 과정으로 저렴한 비용으로 영어공부를 하고자 하는 학생들이 선호한다. 또 학교 사무실에 부탁하면 적당한 일자리도 알선해준다. Language Plus는 영어와 골프(E+G : English+Golf) 혹은 영어와 승마(E+H : English+Horse Riding)를 함께 배울 수 있는 과정이다. 나는 영어와 골프를 함께 배울 생각으로 수도 더블린에서 가깝고 골프 환경이 좋은 이 학교를 선택했다.

브레이 전경

## "Look at the ball. Look at the hole."

페이스 랭귀지 인스티튜트에서 나는 오전에는 영어, 오후에는 골프를 배웠다. 골프 클럽은 학교에서 빌리기로 하고 골프화와 모자, 장갑만 준비했다. 2주 동안 8회 수업으로 보통 30분 레슨 후 두세 시간 연습 및 게임이었다. 레슨은 학교 근처 다글 뷰 골프클럽<sup></sup>Dargle View Golf Club에서 전직 프로골퍼 왈비<sup></sup>Walby에게 받았다. 왈비는 한때 꽤 유명한 아일랜드 프로 골프선수였다는데, 은퇴한 지금은 골프클럽을 관리하며 간간이 레슨을 했다.

레슨 첫날 나는 선생님에게 골프영어를 많이 들을 수 있을 거라는 기대를 했다. 사실 내가 골프를 선택한 것은 골프가 좋아서라기보다 영어로 골프를 어떻게 가르치나가 궁금해서였다. 그런데 2주 동안 왈비가 레슨할 때 사용한 말은 과장 하나 보태지 않고 이런 몇 마디가 전부였다.

그립 잡을 때 : *relax / not to tight*
스윙할 때 : *take your time / nice and gently*
공을 칠 때 : *open the door / close the door*
공을 친 후 : *lovely / better / improved / grand*

레슨은 늘 간단한 스윙 연습으로 시작되었다. 스윙 연습이 끝나면 선생님이 내 앞에 공을 한 개씩 놓아준다. 그러면 나는 선생님의 설명을 생각하며 정성껏 공을 친다. 공 한 바구니를 다 치는 데는 30분 정도 걸린다. 바구니가 완전히 비면 잔디 여기저기에 흩어진 공을 선

골프클럽에서의 레슨

생님과 함께 바구니에 주워 담는 것으로 레슨은 끝난다.

기본자세에 대한 왈비의 레슨이 끝나면 그 다음은 페이스 교직원들이 돌아가면서 나를 승용차에 태워 자신들의 회원권이 있는 골프클럽으로 데리고 가 연습을 시켰다. 첫날은 교장선생님인 머피가 뉴 브레이New Bray 골프클럽으로 데리고 가서 드라이브와 퍼팅 연습을 시켰다. 머피는 내 공치는 모습이 영 답답하고 마음에 안 드는지 내내 지루하다는 표정을 지었다. 사실 그날 내 마음은 골프 연습은 안중에도 없고, 생전 처음 보는 넓은 골프장에 끝없이 펼쳐진 아름다운 경치에 있었다. 공이 빗나갈 때마다 주의를 주는 선생님의 "looking at the ball"은 금세 잊어버리고 시선은 다시 'looking at the sky'였다. 그런 정신상태에서 실수의 연속은 어쩌면 당연했다. 나도 모르게 지진학생 인상을 주었던 교장선생님과의 골프연습은 다행히 그날이 마지막이었다. 머피는 출장이 잦은 데다 자신과 실력이 비슷한 남학생들과 주로 게임을 나가는 것 같았다. 그래서 자연스럽게 나는 그와 골프장에 나갈 기회가 없었다.

그 다음부터는 주로 교무부장Director of Studies인 리즈와 골프 연습을 했다. 리즈는 나와 나이도 비슷하고 홍콩에 있는 한 대학에서 10년간 강의를 한 경력이 있어서 아시아에 대한 지식과 정보가 많았다. 우리나라에도 출장을 온 적이 있다고 해서 우리는 나름대로 대화거리를 찾을 수 있었다. 리즈와는 주로 찰스랜드 골프클럽<sup>Charlesland Golf Club</sup>에서 퍼팅 연습을 했다. 리즈는 골프의 규칙과 경기 전반에 대해 설명해주었다. 야무진 외모처럼 설명이 간결하고 명확해 리즈의 한마디한마디는 귀에 쏙쏙 박혔다. 퍼팅할 때 그녀가 자주 썼던 말이 아직도 귀에 들리는 듯하다.

"Look at the ball. Look at the hole."

연습이 끝난 후에는 골프클럽 라운지에서 커피를 마시며 다른 골퍼들의 게임을 구경했다. 그때도 리즈는 선생님의 신분을 잊지 않고 적절한 설명을 해주었다. 또 아일랜드 사람답게 자주 날씨를 화젯거

드로모랜드 골프클럽

리로 삼았다. 날씨가 몹시 화창한 날 리즈는 "저 바다 건너가 웨일스
예요. 아주 가까워요"라며 손으로 바다 수평선 너머를 가리켰다. 그
때부터 나는 언젠가는 배를 타고 아일랜드에서 영국으로 건너가 보
고 싶다는 생각을 했다.

영어학교 둘째 주에는 리즈가 담당해야 할 골프 학생이 한 명 더
늘었다. 죠시<sup>Josie</sup>라는 일본인이 새로 들어왔는데, 나와 같은 반에서
영어공부를 하고 골프장에도 함께 다녔다. 그해 초 회사를 퇴직한 후
이곳에서 골프도 치고 영어도 공부하면서 제2의 인생을 설계하겠다
고 했다. 죠시는 영어실력도 우수했고, 골프 실력도 선생님들보다 좋
았다. 그는 1주일에 2번, 레슨이라기보다 선생님들과 주로 게임을 했
다. 정규 레슨 말고도 수시로 리즈에게 부킹을 부탁해 함께 즐기기도

했다.

리즈가 정확하고 야
무지긴 했지만, 그래도
나에게 가장 편한 골프
선생님은 크리스티나였
다. 그녀는 프랑스 출신
으로 키가 늘씬한 금발
의 미녀였다. 프랑스 여
인답게 옷도 늘 세련되
게 입었는데, 성격은 외
모와 달리 느긋하고 낙
천적이라 늘 하하호호
였다. 건망증이 심해서

★ 총연수비
(General English 20 lessons 2주)
수업료 1주 195유로 × 2 = 390유로
홈스테이(7월 싱글룸 Half Board)
1주 185유로 × 2 = 370유로
등록비 30유로
홈스테이 가입비 30유로
교재비 30유로

===========================

총 850유로×1419.83=1,206,855.5원
                              (2014. 6. 3 기준)
*픽업 왕복 110유로,  편도 55유로 별도.
참고 : Half Board는 식사를 아침, 저녁 두 끼
제공하는 하숙으로 대부분의 홈스테이는 Half
Board임.

가끔 황당한 일도 겪었지만 어디서나 늘 분위기 메이커 역할을 했다.
한 번은 함께 골프장에 가는데, 자기가 가끔 다니는 골프장이라면서
도 도중에 길을 잃고 한참을 헤맸다. 결국 차에서 내려 마을 사람에
게 묻고는 그 느긋한 웃음과 함께 "Thanks a million"이라고 외쳤다.
왔던 길로 차를 돌리며 미안한 듯 변명을 늘어놓기에 괜찮으니 신경
쓰지 말고 드라이브나 즐기자고 안심시켰다. 크리스티나의 편안한
배려 덕분에 그날 난 더블린 근교 산에 있으며, 9홀을 가지고 18홀을
제공하여 초보자에게 적격인 글렌큘렌 골프클럽Glencullen Golf Club에서
최고의 숏 게임을 즐길 수 있었다. 그녀는 골프 경력이 많은 자기보
다 내가 더 잘한다며 매번 'Lovely!'라고 추켜세워 주었다. 돌아오는

길에는 골프장 근처 산꼭대기에 있는 오랜 역사를 가진 죠니 폭스 펍 Johnnie Foxs Pub에 들러 색다른 시간을 보냈다.

## '아일랜드에서는 두 번의 라운딩을 한다'

이멀Eimear은 내가 여행하며 만난 홈스테이 맘 중에서 가장 어린 20 대 중반의 싱글맘이었다. 세 살짜리 딸 루시를 데리고 혼자 사는데 직업이 미용사였다. 홈스테이에는 나 말고도 두 명의 어린 스페인 남학생들이 있었는데 엄마처럼 잘 돌봐주었다.

집 안은 딸을 위한 엄마의 정성이 가득했다. 집 전체를 딸만을 위한 공간으로 꾸며놓은 것 같았다. 하지만 교육은 꽤나 엄격해서 식사, 놀이, 침대 정리, 장난감 정리 등을 혼자서 하게 했다. 주기적으로 만나는 아빠와는 가드닝gardening도 시킨다고 했다. 아이가 몸을 움직여야 비만도 안 되고 건강하다면서. 또 조금이라도 잘못된 행동이 보이면 즉시 바로잡아줬다. 기저귀를 찬 세 살짜리 아기를 따로 재웠는데, 아기는 혼자 자다 새벽이면 엄마 방으로 갔다.

특히 언어교육에 신경을 썼는데 'Excuse me, Please, Thank you, Sorry' 등의 사회적인 표현을 처음 말을 배울 때부터 습관으로 만들고 싶어했다. 아기에게는 'good girl, good boy, a little bit gentler' 등으로 행동마다 적절한 피드백을 하면서 칭찬과 격려를 아끼지 않았다.

아일랜드에서는 켈트어인 아일랜드어를 유아원부터 시작해 초중고까지 가르치고, 스페인어와 불어도 같이 가르친다고 했다.

하루는 루시에게 선물을 받았다. 루시가 앞마당 잔디에서 놀다가

갑자기 "Can I give you a flower?"라면서 보라색 클로버를 하나 따서 주었다. 그리고는 "Two?"라고 묻더니 하나 더 따서 나에게 선물이라며 건네주었다. 감동적이었다.

한편 페이스 랭귀지 인스티튜트에서는 어린 학생들과 함께하는 영어시간보다 오후 골프수업이 훨씬 더 기대되고 즐거웠다. 학교 교직원들과 매번 다른 골프장에 가면서 대화하는 것도 재미있고, 숲속의 골프장까지 가는 아름다운 드라이브 코스와 골프 후에 탁 트인 전원을 바라보며 마시는 커피 맛은 환상적이었다.

골프 동행을 가장 많이 했던 리즈와는 골프장 가는 길에 수영장과 테니스코트까지 갖춘 그녀의 집에 두 번이나 들러 차를 마셨다. 한 번은 골프장 가는 길에 별안간 소나기가 쏟아졌다. 내가 골프를 못 칠까 걱정했더니 리즈가 아일랜드 사람들은 비와 상관없이 골프를 친다고 말했다. 워낙 비가 자주 내리다 보니 맑은 날을 기다리다가는 생전 골프를 못 친다며 웃었다. 그리고 비가 잦기 때문에 늘 산천초목이 푸르고 농사가 잘 된다며 비에 대해 매우 긍정적이었다. 또 아일랜드는 초원이 많은데도 뱀은 물론 사람을 해치는 생물이 살지 않는다면서, 그것을 아일랜드 사람들은 수호신 성 패트릭St. Patrick의 은총이라며 감사해한다고 했다.

'아일랜드에서는 두 번의 라운딩을 한다'는 말이 있다. 여기서 첫 번째 라운딩은 골프, 두 번째 라운딩은 경치구경을 가리킨다. 그만큼 아일랜드는 아름다운 골프 환경을 가지고 있다. 겨울에도 잔디가 얼지 않고 한여름에도 섭씨 20도 미만의 서늘한 기후여서 일 년 내내 골프가 가능하다. 아일랜드의 작은 도시 브레이에서 영어와 골프를 공부하면서 나는 예상치 못했던 소소한 행복들을 많이 선물 받았다. 작은 단골카페에서 먹었던 갓 구운 따뜻한 스콘<sup>scone</sup>, 친절하게 빌 브라이슨의 영국여행기를 골라주던 책방 아저씨, 도도하지만 세심하게 상담을 해주던 여행안내소의 노부인 등의 모습이 아직도 기억에 남아있다.

여유로운 아일랜드 풍광

# 이곳에서 놓치면 안 되는 볼거리

아일랜드는 특별한 문화유적보다 오염되거나 훼손되지 않고 자연 그대로 보존된 자연경관이 아름다운 나라다. 그래서 아일랜드 여행의 포인트는 느리게 걸으면서 온몸으로 자연을 느끼는 데 두어야 한다. 조금만 도심을 벗어나면 트레킹을 하거나 미니버스 투어를 이용해 순수한 아일랜드의 대자연을 느낄 수 있다. 가이드 없이 운전자가 사장이며 가이드인 소형버스 투어는 값도 저렴하고 가족적인 분위기에서 운전자가 정성껏 준비한 티타임까지 자연 한가운데서 즐길 수 있어 금상첨화다.

## 브레이 Bray

여유가 있으면 시내 한가운데 우아하게 서 있는 로얄호텔에 머물며 브레이를 한 바퀴 돌아보는 것도 좋다. 로얄호텔은 고급스런 외관과 달리 숙박비가 10만원 미만으로 싸고, 부대시설로 풀장까지

브레이의 항구

헤리티지센터

갖추고 있다.

브레이 관광은 중심가에서 가장 근사한 옛 건물 여행안내소 Tourist Office 에서부터 시작된다. 과거에 법원이었던 여행안내소 헤리티지센터 heritage centre 는 1173년에 지어진 성으로, 탈공업화 시대까지 브레이 1,000년의 역사를 간직하고 있다.

2층을 가로지르면 기울어진 기수가 있는 오래된 옛날 배부터 증기선까지 각종 기선들이 진열되어 있고, 1층은 중세 성 연회장으로 꾸며져 있다. 그 위층에는 브레이에 최초로 철도를 도입한 엔지니어 윌리엄 다간 William Dargan 의 흔적을 보존하고 있다.

또 브레이의 가장 꼭대기 Bray Head 에 오르면 남쪽으로 슈가 로프 Sugar Loaf 산과 유명한 트레킹 코스의 관문인 위클로 Wicklow 산이 보이고, 남쪽 해안을 따라 8킬로미터

위클로 산책로

절벽산책로<sup>cliff walk</sup>가 펼쳐진다. 영국이나 아일랜드 바닷가에는 클리프 산책로, 즉 낭떠러지처럼 깎아지른 듯한 절벽 아래로 바다가 있고 해안도로가 있는데, 이것을 절벽산책로라 부른다. 항구의 국립수족관에는 70여 종의 물고기가 노닐고 있다.

### 죠니 폭스 펍Johnnie Foxs Pub

1798년 더블린 산
꼭대기에 문을 연 죠
니 폭스 펍은 아일랜
드에서 가장 높은 곳
에 자리 잡고 있다.
지난 200년 동안 단
하루도 쉬지 않고 영
업을 해왔으며, 멀리
서 오는 사람들이 많
다. 이 펍은 특히 차

죠니 폭스 펍

우더, 새우, 홍합, 랍스터, 게, 굴 같은 해산물 요리가 일품이고, 스테이크와 훈제연어 요리도 정평이 나 있다.

나는 아직 밝은 오후 5시경에 갔는데, 침침한 실내는 벌써 취기가 오른 분위기였다. 이곳의 넓은 주차장 한쪽에는 25년 전 아일랜드에서 운행되었던 버스 한 대가 골동품으로 전시되어 있다. 버스 뒷문 바깥 발판에 조그마한 공간이 있어 특이하다고 했더니, 그것은 버스가 막 떠날 때 도착한 승객이 뛰어 올라타고 매달려 갈 수 있도록 배려한 것이라고 했다. 헐레벌떡 달려와 그곳에 매달려 가는 승객의 모습을 상상하니 웃음이 절로 나왔다.

## 글렌달로Glendalough

계곡에 두 개의 호수가 있는 글렌달로는 6세기에 성 케빈St. Kevin이 건립한 중세 초기 수도원으로 유명하다. 케빈은 렌스터Leinster 가문의 후손으로 소년시절에 오웬Eoghan, 로찬Lochan, 에나Eanna라는 세 명의 성직자 밑에서 공부했다. 그 기간 동안 그는 글렌달로의 나무 구멍 속에서 살았다고 전해진다.

나중에 그는 몇 명의 수사를 데리고 다시 글렌달로로 돌아왔다. 그의 순수하고 청렴한 성직자로서의 명성이 퍼지면서 수많은 추종자들이 모여들었다. 618년경에 그는 죽었지만 6세기 동안 글렌달로는 계속해서 번성했고, 오늘날까지도 성지로 명성이 높다. 내부에는 정문, 탑, 성당, 목사관, 케빈의 부엌, 여러 성직자들의 이름을 딴 교회당과 감옥, 침실 등이 있다.

글렌달로 입구의 묘지

## 여행 선배가 주는 팁

<h3 style="text-align:center">영어실력, 빠르게 키우려면……</h3>

우리나라 사람들이 오랜 기간 동안 영어를 배우고도 정작 필요할 때 꿀 먹은 벙어리가 되는 것은 영어환경에 노출되어 있지 않아서다. 영어학교에서 보면 한국 학생들은 읽기와 쓰기, 특히 문법 실력은 아주 우수하다. 그런데 상대적으로 듣기와 말하기 능력이 많이 떨어진다. 게다가 내성적인 학생들이 많아 향상되는 속도가 느리다.

어학연수를 가서 빠른 시간에 영어실력을 키우고 싶다면 현지인들의 이야기를 많이 듣고 그들과 많이 떠들어야 한다. 현지인들과 가장 쉽게 어울릴 수 있는 곳으로 홈스테이만 한 데가 없다. 홈스테이를 하게 되면 방에 박혀 있지 말고 식구들과 의도적으로 어울리는 시간을 자주 가져야 한다.

### 외국의 펍은 '동네 사랑방'

사교적이고 놀기 좋아하는 사람이라면 펍$^{pub}$에 가서 현지인들과 어울리는 것도 좋다. 외국의 펍은 우리나라 술집과 달리 일종의 동네 사랑방이다. 특히 영국이나 아일랜드는 펍 문화가 발달되어 있다. 대학가 펍은 정치, 경제, 문화 전반에 걸쳐 열띤 토론을 벌이는 일종의 젊은이들의 학문 토론장이다.

언어의 천재로 소문난 고고학자 하인리히 슐리만$^{Heinrich\ Schliemann}$은 6주만에 외국어를 하나씩 습득해 유창하게 말하고 쓸 수 있었다. 그의 공부법은 큰소리로 책을 읽고 외우고 떠드는 것이었다. 그 소리가 어찌나 컸던지 이웃의 불평 때문에 두 번이나 집을 옮겨야 했다. 말하기는 청중이 있어야 효과가 있다는 사실을 깨달은 그는 주당 4프랑(대략 4,600원)에 사람을 고용해 앞에 앉혀놓고 연습을 했다. 이런 방법으로 세계에서 가장 어렵다는 러시아어도 6주 만에 배웠다. 그리고 암스테르담 항구에 나가 러시아 상인과 유창하게 대화를 나눴다고 한다.

　내가 만났던 한 스위스 청년은 방과 후 매일 펍을 돌면서 떠들고 다녔다. 그 덕분이었는지 3개월 만에 초급반에서 상급반까지 올라갔고, 그는 뉴질랜드 넬슨 영어학교에서 전설적인 학생이 되었다. 특히 초보자는 듣는 대로 스펀지처럼 빨아들이므로 외국어 실력이 급속히 향상된다.

# *Spain* 마드리드, 살라망카, 말라가, 그라나다의 스페인어학교

스페인의 중앙부에 있는 수도 마드리드<sup>Madrid</sup>는 지역적으로도 접근하기가 편리하다. 마드리드는 지난 4세기 동안 넓은 도로와 상징적인 구조물들을 세우고 녹지대 등 전반적인 도시계획으로 잘 다듬어져 정치, 문화, 경제 등 중심도시로서의 면모를 갖추었다. 지하철과 버스 등 대중교통이 잘 발달되어 있어 시내관광이 편리하고, 음식이 싸고 맛있다. 특히 두서너 집만 지나면 만날 수 있는 카페와 바는 아무 때나 들러 가볍게 한 잔하기 좋고, 타파스는 한 접시 시키면 그 양도 푸짐하고 빵까지 곁들여 나와 한 끼 식사로도 충분하다. 바나 카페마다 서로 다른 종류의 타파스<sup>tapas</sup>(에스파냐의 전채요리로 요리방법과 종류가 다양하다. 오징어튀김, 문어튀김, 생선튀김, 치즈스틱, 소시지 등이 있다)를 팔고 있으므로 여러 곳을 돌아다니면서 타파스 여행을 하는 것도 특별한 재미일 것이다.

# Enforex, Madrid, Spain

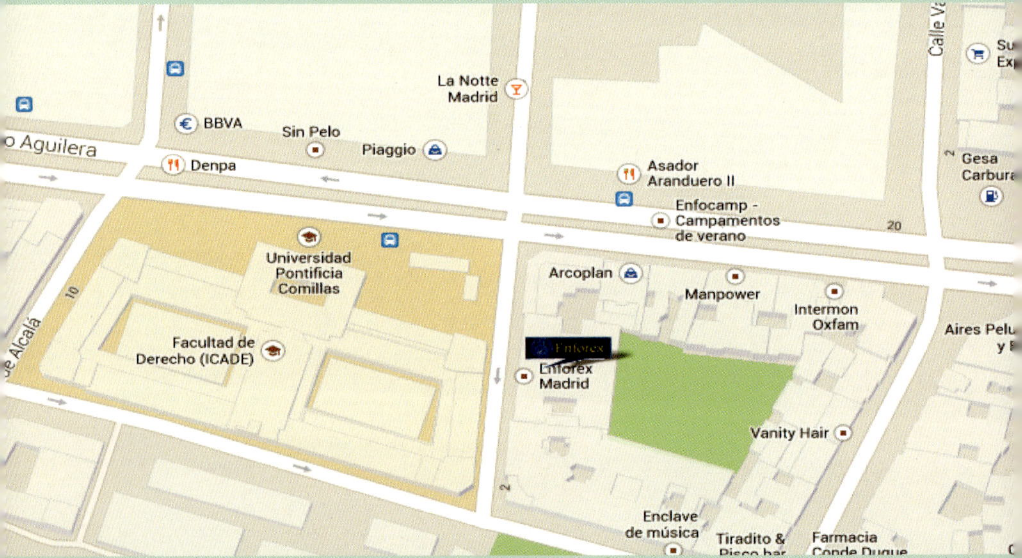

La Notte
Madrid

BBVA          Sin Pelo
o Aguilera                                    Piaggio
          Denpa

                                                      Asador
                                                      Aranduero II
                                              Enfocamp -
                                              Campamentos
                                              de verano                  20

                              Arcoplan                                        Gesa
Universidad                                            Manpower              Carbura
Pontificia
Comillas                                                      Intermon
                                                              Oxfam
                                        Enforex                              Aires Pelu
Facultad de                         Enforex                                   y
Derecho (ICADE)                     Madrid

                                                            Vanity Hair

Calle V
Su
Ex

Alcalá
10

                              Enclave
                              de música      Tiradito &      Farmacia
                                             Pisco bar       Conde Duque

# 마드리드의
# 엔포렉스 스페인어학교

나는 '스페인' 하면 떠오르는 단어가 자유, 붉은색, 정열, 뜨거운 여름, 아름다운 문화유산 등이다. 요즘 사람들은 산티아고 순례길을 가장 먼저 떠올리는 것 같다. 그런데 이 모든 단어들이 내 취향과는 무관했다. 더욱이 영어권이 아니어서 스페인어가 아니면 소통이 어렵다는 이야기를 많이 들어 여행지로는 한 번도 생각해본 적이 없었다. 그런데 외국여행을 많이 한 친구에게 어디가 가장 아름답더냐고 물었더니 고민도 하지 않고 "스페인"이라고 답했다. 그때부터 마음이 흔들렸다. 나의 스페인어 연수여행은 처음에 그렇게 시작되었다.

내가 공부한 엔포렉스Enforex 스페인어학교는 스페인에서 제일 큰 학교로 마드리드에 본교가 있고, 여러 대도시에 분교가 있다. 잠깐 마드리드에 들른 여행자들도 공부할 수 있도록 스페인어뿐 아니라 비즈니스, 인턴, 일과 공부, 교사코스, 플라멩코, 살사, 여행, 요리, 골프 등 다양한 코스가 준비되어 있다. 모든 코스는 일 년

대도시를 돌면서 공부하는 'Travel & Learn Spanish' 코스에 등록하려면?

1. 브로슈어에 나와 있는 여러 도시 중 자신이 공부하고 싶은 도시를 고른다.
2. 수업시간<sup>course options</sup>을 선택한다.
3. 연수기간을 정한다.
4. 레벨을 선택한다.

내내 매주 월요일에 시작되고 기간도 1주일부터 가능해서 개개인의 시간과 수준, 취향에 맞게 선택할 수 있는 폭이 크다. 게다가 여러 코스 중에서 개인이 직접 맞춤식 코스를 짜서 공부할 수도 있다. 나의 경우에도 내가 원하는 도시를 골라 내가 디자인한 '나만의 맞춤 연수 코스'로 공부했다.

나는 연수기간을 1개월로 잡고 마드리드, 살라망카, 말라가, 그라나다 등 4개의 도시에서 1주일씩 머물기로 했다. 순서는 비행기가 도착하는 마드리드부터 시작해서 대학도시 살라망카<sup>Salamanca</sup>, 따뜻한 남쪽의 휴양도시 말라가<sup>Malaga</sup>, 알람브라 궁전이 있는 그라나다<sup>Granada</sup>로 내려가기로 했다.


## 마드리드의 스페인어학교

공부보다는 여행에 더 무게중심을 두었기 때문에 수업시간은 가장 적은 **Part Time Intensive 10 lessons**으로 하고, 레벨은 초보<sup>beginner</sup>로 정했다. 매주 스페인어학교를 옮길 때마다 홈스테이도 바뀌게 되어 나는 한 달 동안 네 개의 도시에 있는 네 가정 홈스테이를 경험할

수 있었다. 겨울이라 정원에 꽃은 없었지만 문화가 조금씩 다른 도시에서 또 다른 가정에 머물 수 있다는 것만으로도 충분히 흥미로웠다.

첫 번째로 도착한 마드리드의 스페인어학교는 중심가에 있는데 대부분 휴가 중 공부와 여행을 겸하는 직장인들이 많았다. 교통이 좋고 볼거리가 많아서인지 학생 수가 상당히 많고 붐볐다. 학교를 찾으면서 한참 헤맸는데, 헐레벌떡 도착해 등록을 마치고 교실에 들어갔더니 레벨테스트가 진행되고 있었다. 나는 어차피 왕초보라 시험은 별 의미가 없었다. 필기시험 후 선생님과 개별 인터뷰를 하고 반을 배정받았다.

우리 반의 학생은 러시아에서 겨울휴가를 이용해서 온 두 여인, 마

마드리드의 중앙광장

드리드에 있는 대기업에서 인턴을 하고 있다는 투루키아 청년, 중국에서 온 남학생, 나였다. 다들 초보였지만 스페인어는 동양인보다 서양인이 배우기가 더 수월했다. 그들에 비해 실력은 좀 뒤처졌지만 나이와 자신감만은 우리 반에서 내가 최고였다.

연수를 떠나기 전에 미리 학원에서 기초를 조금 공부한 덕분에 마드리드의 스페인어학교 초급반 수업은 잘 따라갈 수 있었다. 그만큼 적응도 수월했다. 수업이 오전 일찍 끝나면 시내에 나가 점심을 먹고 마드리드 시내를 구경다녔다. 마드리드 홈스테이는 60평쯤 되는 고급 아파트였는데, 나 말고도 세 명의 학생이 더 있었다.

금발의 러시아 여대생은 영어가 유창하고 홈스테이 맘과 스페인어로도 대화가 가능했다. 그러다 보니 자연스럽게 네덜란드 여대생과 사토미라는 일본 여고생, 나를 대신해서 통역을 해주는 일이 많았다. 성격도 시원시원하고 사교적이었고, 근처 지리에도 밝아서 시내 여행정보나 지하철역을 알려주기도 했다.

우리 하숙생들이 함께 얼굴을 보고 수다를 떨 수 있는 시간은 저녁이었다. 식사를 하는 동안 영어 수다가 이어졌고, 덕분에 기나긴 겨울밤이 지루하지 않았다. 마드리드에서 머무는 동안은 학교에서는 스페인어를 공부하고, 홈스테이에서는 영어를 공부한 셈이었다.

살라망카대학

### 살라망카의 스페인어학교
열흘간의 마드리드 생활을 마치고

는 기차를 타고 살라망카로 이동했다. 대학도시로 유명해서인지 스페인어학교도 다른 지역에 비해 규모가 크고 시설과 강사진도 최고였다. 살라망카대학교로 유학 오는 학생들이 대부분 이곳에서 어학 코스를 거친다고 했다. 오랜 역사가 묻어나는 석조 건물을 초중고와 함께 사용하는데, 밝은 연회색의 건물은 늘 깨끗하게 관리되고 있었다. 복도에서 만나는 천진난만한 학생들의 모습도 기분 좋게 했다.

　우리 반의 학생은 벨기에서 온 슈퍼마켓 매니저와 나만 직장인이고, 나머지는 모두 학생들이었다. 브라질 출신이 제일 많았고 독일, 스위스 학생도 많았다. 브라질 말은 스페인어와 비슷해 굳이 어학연수를 하지 않아도 될 듯 싶었는데, 브라질에서는 스페인 어학연수가 일종의 스펙 쌓기인 것 같았다. 나와 같이 홈스테이를 했던 웬디는 자기 반 학생 전원이 브라질 학생이라면서 브라질 학교나 마찬가지라고 볼멘소리를 했다.

마요르 광장의 퍼포먼스

말라가

우리의 담임을 맡은 사십대 초반의 여선생님은 성격이 털털하고 낙천적인 사람이었다. 거의 매일 학생들과 같은 시간에 교실로 들어오면서 날씨가 몹시 춥다고 'Mucho frio(매우 추워요)'를 연발했다. 교재대로 꼼꼼하게 문법을 가르치기보다는 자유롭게 대화를 하면서 질문을 많이 하는 스타일이었는데 의외로 수업이 재미있고 듣기 연습도 많이 되었다. 나는 단어 실력이 짧아 말이 끊기는 때가 많았는데 그때마다 끝까지 대화를 이어가게끔 도와줬다. 정확성보다 유창성에 초점을 두는 이상적인 교수법이라고 생각했다.

## 말라가의 스페인어학교

세 번째 도시 말라가는 겨울에도 날씨가 온화해서 유럽과 중동의 부자들이 겨울철에 많이 찾는 곳이라고 했다. 파란 하늘 아래 하얀 집, 이슬람문화의 숨결이 그대로 남아있는 안달루시아Andalusia 지방의 말라가는 거리의 오렌지 나무와 바닷가에 촘촘히 서 있는 야자수들이 하와이의 해변을 연상시켰다.

전통 플라멩코 드레스

말라가의 홈스테이는 해변의 가파른 언덕 위에 있는 '하얀 집'이었다. 기차에서 내려 택시를

탔는데 기사도 잘 모르는 동네인지 주소를 물어물어 어렵게 도착했다.

나는 2층의 넓은 방에서 지냈는데, 하얀색 책상과 하얀 싱글침대가 두 개 있었다. 창문의 하늘하늘한 흰색 쉬폰 커튼을 젖히면 튼튼한 버티칼이 나타나고, 버튼을 누르면 버티칼이 천천히 올라가면서 눈앞에 파란 바다가 펼쳐졌다. 그야말로 환상적이었던 이 방에서 나는 열흘을 머물렀다. 내 생애 최고의 숙소였다고 해도 과언이 아니다.

이런 전망이 보이는 호텔에서 묵으려면 엄청난 숙박비를 지불해야 할 것이다. 이곳에서 흘러가는 시간이 아쉬워 눈만 뜨면 창문을 활짝 열어놓고 바다 풍경을 카메라에 담았다. 넓은 베란다에 의자를 내놓고 앉아서 멍하니 바다를 바라보는 시간도 많았다.

집안 곳곳에도 볼거리가 많았다. 주방과 식당의 벽을 장식한 이슬람풍의 타일과 그림들, 의자, 식탁보, 양념통, 심지어 주방에 아무렇게나 놓여있는 과일과 야채들까지 아름답지 않은 게 없었다. 홈스테이 맘 테레사가 예술가의 손을 가진 것인지, 말라가 사람들 모두에게 피카소의 피가 흐르는 건지 헷갈릴 정도였다.

말라가의 스페인어학교 씨<sup>si</sup>는 홈스테이에서 무척 가까웠다. 등하교 시간을 모두 합해도 10분이 채 걸리지 않을 정도였다. 살라망카의 스페인어학교에서 마지막 날, 입학을 담당하는 여직원이 '씨'는 자기

말라가의 해변

네와 시스템이 달라 몇 가지 서류를 가지고 가야 한다며 진도표와 성적표를 만드느라 분주했다. 그 차이가 뭐냐고 물었더니 "일종의 펩시와 코카의 관계"라고 대답했다. 더 이상의 설명이 필요 없을 만큼 깔끔하고 명쾌한 대답이 인상적이었다. 아마 엔포렉스 분교가 없는 도시는 그 지역의 다른 학교와 계약을 맺고 상부상조하는 모양이었다.

언덕 위의 하얀 집에 도착한 첫날, 점심을 먹고 테레사를 따라 씨의 위치를 확인하러 갔다. 주택가에 있는 씨는 앞뜰이 있는 아담한 2층짜리 가정집이었다. 현관에 세워놓은 '중국어와 스페인어학교'라는 간판을 보고서야 'Si(영어의 'Yes'에 해당하지만, 여기서는 '바로 이거야!' 일종의 감탄의 의미로 쓰임)'라는 생소한 이름이 이해되었다.

씨는 규모는 작았지만 분위기가 활기차고 프로그램도 알찼다. 학급당 학생수가 많아야 다섯 명이었고, 일반 직원이 거의 없이 학교 교직원들끼리 운영하기 때문에 학생 관리는 물론 학생들과 소통도 잘 되었다. 친절하고 따뜻하고 가족적인 분위기였고, 학생들의 의견을 수용하려는 최고관리자의 태도도 마음에 들어 다음에 꼭 다시 찾고 싶은 학교라고 생각했다.

우리 반 학생은 네덜란드 암스테르담의 기념품가게에서 일한다는 60대의 세일즈 레이디, 핀란드 헬싱키 TV방송국의 30대 외신부 여기자, 내가 전부였다. 귀부인처럼 옷을 잘 차려입는 홀란드 레이디는 원시가 심한 듯 커다란 돋보기를 썼다 벗었다 하면서도 선생님 옆에 딱 붙어 앉아서 열심히 공부했다.

우리를 가르쳤던 선생님은 파란 눈을 크게 뜨고 뚫어지게 쳐다보면서 카리스마 넘치게 수업을 했다. 질문을 할 때는 가뜩이나 큰 눈을 더 크게 뜨고 쳐다보는 바람에 무서워 예습 복습을 안 할 수가 없었다. 덕분에 새벽에 눈 떠서부터 오후 1시 등교하기 전까지 매일 4시간 이상을 열공했다. 스페인어를 배우는 이유가 비슷한 직장 여성들끼리 모여 있어선지 수업 분위기도 안정되고 여유가 있었다. 우리 반에서 내가 회화는 가장 못했지만 문법 실력은 최고라고 인정받았다.

### 그라나다의 스페인어학교

네 번째 연수학교였던 그라나다 돈키호테<sup>don Quijote</sup>에서는 레벨테스트도 거치지 않고 회화반에 편성되었다. 우리 반 학생은 브라질 여학생, 미국 캘리포니아에서 온 수학선생님, 주중에 나타난 그리스 어느 유명한 섬의 호텔 사장님, 그리고 나였다.

브라질 여학생은 스페인어가 유창해서 배울 게 없어 보였다. 아침에 일어나기가 힘든지 오후 1시에 시작하는 수업인데도 하루도 빠짐없이 지각을 했다. 그녀는 늘 뒷자리에 앉았는데, 어떤 날은 햄버거를 사와서 수업 중에 먹기도 했다. 군것질거리를 가져와서 혼자 먹기가 민망한지 가끔은 우리에게 비스킷이나 초콜릿을 돌리기도 했다.

그라나다의 전경

딴짓을 하다가도 선생
님이 질문을 하면 생글
생글 웃으며 청산유수
로 떠들었다. 그럼에도
자유분방한 그녀를 밉
게 보는 사람이 없었
다. 모두들 귀여운 막
내 동생 보듯 했다.

★ 총 연수비
(Intensive 20 lessons 2주 기준)
수업료 155 × 2 = 310유로
홈스테이(싱글룸) 229 × 2 = 458유로
등록비 55유로
교재비 35유로

총 858유로 ×1419.83 = 1,218,214.14원
(2014. 6. 3 기준)
픽업비는 별도.

  캘리포니아에서 온
수학선생님은 키가 훤칠한 40대의 미남이었는데, 5개월 휴직을 하고
가족이 함께 스페인으로 왔다. 아내와 쌍둥이 아들딸과 그라나다에
아파트를 얻어 살면서 함께 스페인어를 배웠다. 아이들에게는 축구
등의 스페인 문화를 체험하게 했다. 그는 자신이 근무하는 학교에 스
페인어권 학생들이 많다면서 그 아이들을 더 잘 이
해하고 싶어 스페인어 공부를 결심했다고 했다. 수
업 중에는 늘 고개를 끄덕이며 "Si('네'라는 뜻)"라
며 열심히 맞장구를 쳤다.

  한편 주말여행을 하고 늦게 합류한 젊은 호텔 사
장은 그리스의 한 섬에서 호텔을 운영한다는데 꽤
부자인 듯했다. 스페인어 실력이 신통치 않은 데다
공부에도 별 뜻이 없는 것 같았는데, 대충 얼버무리
면서 유쾌하게 잘 어울렸다.

  우리를 가르쳤던 환Hwan 선생님은 성격 좋은

스페인 전통햄 하몽Jamón과
볶음밥인 파에야Paella

40대 남자였는데, 뭐가 그렇게 즐거운지 늘 '허허허'였다. 수업은 교재가 따로 없이 그날그날 프린트물을 한 장씩 나눠주고 토론하는 식이었다.

그라나다의 스페인어학교 돈키호테는 스페인어 어학연수 마지막 학교라서인지 가장 여유있게 보냈고 추억도 많았다. 어린 학생들이 대부분인 마드리드나 살라망카에 비해 말라가나 그라나다 같은 안달루시아 지방의 스페인어학교에는 성인들이 많았다. 날씨가 좋고 자연이 아름다워 공부도 할 겸 여행 삼아 오는 나 같은 학생들이리라.

나처럼 도시를 매주 옮겨가며 공부하는 학생은 거의 없는 모양인지, 새로운 학교로 옮길 때마다 선생님이나 반 학생들이 신기하다고 말했다. 나는 일주일이라는 짧은 기간이었지만 각각의 도시에서 현지인처럼 살아보고 많은 사람들을 만났다. 아침이나 점심을 먹는 단골카페도 생겼다. 또 지방으로 갈수록 영어소통이 불가능해져서 부족한 스페인어 실력을 요령껏 발휘해야 했다. 덕분에 'Travel & Learn' 코스는 스페인어 연수에 매우 효과적이었다.

그라나다의 알람브라 궁전

## 프라도미술관Museo del Prado

　프라도 미술관은 세계 3대 미술관 중의 하나로 스페인 왕가가 수집한 거대한 양의 미술품을 기반으로 문을 열었다. 8,000여 점 이상의 미술작품을 소장하고 있는데, 1100~1910년대의 스페인 화가들의 회화 작품이 특히 많다.

　1층에는 중세와 르네상스 시대의 작품들이 전시되어 있고, 본관에는 엘 그레코El Greco, 리베라Ribera, 무릴로Murillo, 벨라스케즈Velazquez와 황금기 화가들의 작품으로 구성되어 있다. 100개 이상의 작품이 전시된 고야Goya 컬렉션은 1층과 본관 2층 사이에 위치해 있다. 그 밖

프라도미술관

에도 이탈리아, 독일, 영국, 네덜란드 플랑드르파와 프랑스 등 유럽의 회화 걸작과 고대 조각품들이 전시되어 있다.

마드리드 홈스테이에서 만난 일본 여고생 사토미와 함께 관람했는데, 엘 그레코의 〈가슴에 손을 얹은 기사Knight with his hand on his chest〉와 고야의 〈5월 3일The Third day of May〉 앞에 가더니 학교에서 배운 적이 있는 그림이라며 신이 나서 설명했다. 단체 관광객들로 늘 붐비므로 개장시간이나 점심시간에 맞추어 가면 표 사기가 수월하고, 비교적 한가하게 구경할 수 있다.

### 티센 보르네미사 미술관Museo Thyssen-Bornemisza

티센 보르네미사 미술관은 세계적인 예술수집가 2위로 알려진 티센 보르네미사 남작이 두 세대에 걸쳐 모은 개인 컬렉션을 바탕으로 1992년에 개관한 미술관이다. 이곳에는 전시장 입구에 5개국 언어로 브로슈어를 따로 만들어놓았는데, 색깔이 각각 달랐다. 영어는 빨간색, 프랑스어는 주황색, 이탈리아어는 초록색, 일본어는 파란색 표지였고, 스페인어는 존 콘스터블 작품의 일부가 표지 디자인이었다. 감각적인 브로슈어를

티센 보르네미사 미술관

보니 미술관 안이 더 궁금해졌다.

이 미술관은 1993년 7월에 스페인 정부가 남작의 작품들을 입수

티센 보르네미사 미술관 앞

해서 중세, 르네상스, 바로크 예술품은 바르셀로나 국립미술관MNAC에, 그 밖에 주요 컬렉션 800여 점은 마드리드의 빌라헤르모사the Palace of Villahermosa 궁전으로 보냈다. 18세기 말에서 19세기 초에 지어진 빌라헤르모사 궁전은 대표적인 마드리드 네오클래식 건축물이다. 이 궁전을 건축가 라파엘로Raffaello가 리모델링해서 미술관으로 문을 열었다.

작품은 르네상스 시대부터 연대순으로 전시되어 있다. 제32전시실부터 모네Monet, 르누아르Renoir, 고흐Gogh, 세잔Cézanne 등 인상주의 거장들의 익숙한 작품들이 보이기 시작하는데, 개인적으로 고흐 작품이 많아서 더 좋았다. 고흐 작품을 보기 위해 방문했던 네덜란드 암스테르담이나 파리 미술관에서보다 이곳에서 더 많이 보았다. 입장료도 프라도 미술관보다 싸고 한적해 감상하기도 좋고, 앞뜰의 아담한 정원도 잠시 쉬기에 좋았다.

## 톨레도Toledo

마드리드에서 버스로 1시간 정도 남쪽으로 달리면 도착하는 톨레도는 로마시대의 성채도시다. 삼면이 성으로 둘러싸여 있고, 중세의 모습을 그대로 간직하고 있었다. 성 아래로는 타호Tejo강이 유유히 흐르고 있다.

스페인의 대표적인 화가 엘 그레코의 도시이기도 하다. 마치 남한산성을 오르듯이 성 아래에 있는 버스터미널에서 내려 언덕을 한참 올라가면 맨 꼭대기에 중심광장 소코도 베르<sup>Plaza de Zocodover</sup>가 있다. 시간이 있는 사람은 걸으면서 골목골목 옛 흔적이 그대로 남아 있는 집들을 구경해도 좋다. 편히 구경하고 싶은 사람은 광장에서 소코 트랜<sup>zoco tren</sup>이라는 꼬마기차를 타면 시내를 한 바퀴 돌아볼 수 있다.

트랜 아래로 펼쳐지는 강과 들판의 모습은 가히 장관이다. 톨레도는 1561년 수도가 마드리드로 옮겨가면서 정치, 경제, 문화의 중심에서 멀어졌지만 여전히 가톨릭 대교구 중심지로서의 위치를 지키고 있다. 그 밖에 기독교, 유태교, 이슬람교 등의 종교가 공존하고 있어 톨레도만의 독특한 문화가 조성되어 있다.

톨레도

톨레도의 전경

### 그란 카페 히혼Gran Cafe de Gijon

　스페인에는 카페가 참 많다. 그런데 음료만 파는 게 아니라 맥주나 와인 등 술을 파는 데가 더 많다. 게다가 우리나라처럼 실내가 환하지 않고 어두컴컴해서 책을 읽을 수 있는 분위기는 아니다.

　마드리드에 있는 '카페 히혼'을 찾아갈 때 나는 색다른 분위기를 기대했다. 헤밍웨이와 많은 문인들의 단골카페로 알려진 곳이었기 때문이다. 가이드북이 알려주는 대로 4호선 전철역 코론Colon 역에 내려 여러 사람에게 묻고 물어 카페 히혼을 찾아갔다. 실내에 들어섰더니 홀은 생각보다 넓었다. 카페보다는 레스토랑이라 불려야 할 것 같은 크기와 분위기였다. 벽 여기저기에는 문인들의 사진이 걸려 있고, 역사가 있는 카페답게 중후한 분위기의 나이 든 손님들이 많았다. 종업원들도 머리가 희끗한 노인들로 연륜이 있어 보였다. 찻잔을 앞에 두고 노트에 뭔가를 열심히 적는 사람들도 간간히 보였다. 나도 파스타를 주문해놓고 헤밍웨이의 카페이니만큼 그동안 밀렸던 일기를 정리하는 시간을 가졌다.

## 홈스테이 잘하는 비법은 따로 있다!

외국에서의 홈스테이는 우리나라의 하숙과 달리 'home'이라는 단어의 뜻대로 '가족'의 의미가 강하다. 그래서 홈스테이 학생을 잠깐 머물렀다 떠나는 남이 아니라 가족으로 생각하고, 이웃은 물론 친구나 친척들에게도 스스럼없이 소개하며, 가족행사에도 참여시킨다. 가족의 한 일원으로서 가사일도 적당히 돕게 한다. 따라서 홈스테이에서 생활하게 되면 홈스테이 맘과 대디가 알려주는 그 집의 규칙과 문화를 따르고 적응하도록 노력해야 한다.

전기담요나 드라이어 등 전기제품을 따로 가지고 가서 사용할 경우에는 반드시 주인의 허락을 받아야 한다. 특히 외국은 전기요금이나 수도요금이 비싸기 때문에 샤워도 짧게 끝내는 것이 좋다.

### 음식으로 소통하기

우리나라 사람들은 개방적인 외국인들에 비해 수줍음이 많고 소극적인 데다 언어소통이 잘 안 되니 홈스테이 식구들을 어려워하고 뒷전에서 겉도는 경우를 많이 봤다. 어색하고 소통이 어려울 때는 홈스테이 식구들과 '음식으로 소통하기'를 활용하면 좋다. 요리를 할 수 있으면 식구들에게 우리나라 요리를 만들어주고, 영 실력이 없다면 식당에서 대접해도 좋다. 어느 나라를 가나 음식 앞에서 사람들은 다들 즐겁고 유쾌해졌다. 나는 음식이야말로 최고의 외교수단이라고 생각한다.

캐나다 밴쿠버에서 한 달간 홈스테이를 한 적이 있는데, 홈스테이 맘의 퇴근시간이 남편보다 늦을 때가 많았다. 자연히 일찍 퇴근하는 교사인 남편이 저녁을 준비하는 날이 많았는데 바비큐를 자주 만들어주었다. 조금 친해졌을 때 나는 고마움의 표시로 불고기를 만들어 대접했다. 주위에 맛있다는 소문이 나서 귀국하기 전에 몇몇 사람들을 초대해 근사한 불고기 파티를 열기도 했다.

　음식 대접이 어려우면 잔디를 깎아주거나 가끔 설거지나 청소를 해주는 것도 좋다. 작은 선물이나 마음을 담은 카드에도 외국인들은 쉽게 감동하고 마음을 연다. 홈스테이를 잘하는 것이야말로 외국생활을 잘하고 영어실력을 빨리 향상시킬 수 있는 가장 쉬운 최고의 방법이다.

# PART 2

숙소가
달라지면
여행의 즐거움도
두 배가 된다

　나는 여행을 가면 이미 알려져 있는 이름 난 관광명소보다 숙소가 더 기대된다. 숙소는 그냥 하룻밤 자고 떠나는 공간이 아니라 여행의 즐거움을 두 배로 만들어주는 이야기 공장이기 때문이다.

　그래서 나는 마음에 드는 숙소를 찾아 반나절을 허비하기도 하고, 비싼 택시요금을 지불하며 먼 교외로 나가기도 한다. 마음에 꼭 맞는 숙소를 만나면 예정보다 더 머물기도 하고, 심지어 며칠간 숙소에 머물며 책을 읽고 주변 산책을 하면서 한 곳에 머물기도 한다. 그 어떤 여행책에도 나와 있지 않은 흥미 있는 볼거리와 이야깃거리를 만들어주는 숙소는 이제는 나의 여행 콘셉트가 될 정도다.

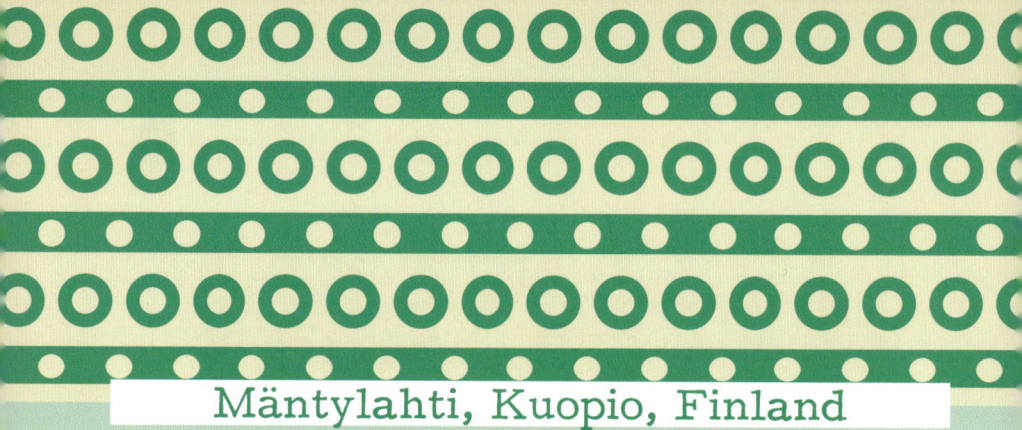

# Mäntylahti, Kuopio, Finland

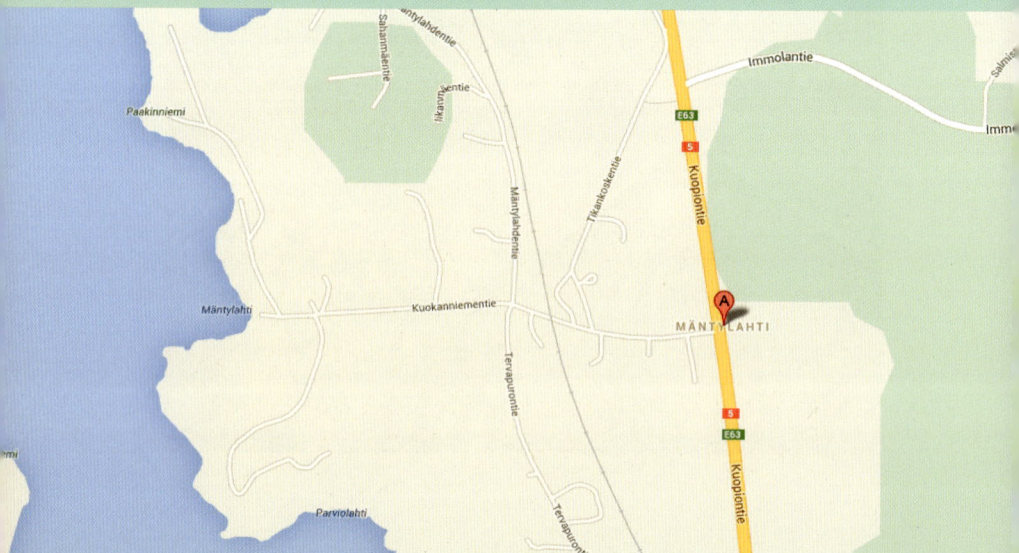

# 핀란드에서 '인간 산타'를 만나다
## _시리네 홈스테이

인생을 살다 보면 우연히 행운을 만날 때가 있다. 특히 여행길에서 만나는 행운은 흥미진진함까지 보태져 더 큰 행복감을 준다.

2010년 8월, 2주간 혼자서 덴마크 전역을 기차로 돌고 나서 핀란드 여행을 시작할 계획이었다. 그런데 예정에도 없던 핀란드 북쪽 시골마을의 시리Siiri네 집에서 홈스테이를 하게 될 줄이야! 그것은 정말 우연히 만난 대단한 행운이었다.

기차패스로 핀란드의 대도시만 여행하려고 대강 스케줄을 짜보니 기차 타는 시간이 예상했던 것보다 짧았다. 남아서 버려질 기차패스가 아까워 핀란드 기차를 실컷 타보기로 하고, 가장 긴 열차구간을 확인했다. 핀란드의 가장 북쪽 끝 산타마을까지 가는 노선이 있었다.

헬싱키에서 산타마을이 있는 로바니에미Rovaniemi까지는 기차로 10시간이 걸린다. 그래서 보통은 비행기를 많이 이용한다. 나는 장시간 기차탑승은 무리인데다 군이 서두를 이유도 없어 중간 지점인 쿠오피오Kuopio에서 3박 정도 할 계획을 세우고 산타마을 여행길에 올랐다.

쿠오피오 행 기차에 오르니 손님이 별로 없어 빈자리가 많았다. 좌석 예약은 따로 하지 않아서 문에서 멀지 않은 곳에 자리를 차지하고 앉았다. 여행가방도 짐칸에 올리지 않고 좌석 옆에 두었다. 그리고 편안하고 여유롭게 창밖을 내다보았다.

헬싱키 시내를 벗어나자 곧이어 쭉 뻗은 나무들이 빽빽이 들어찬 울창한 숲이 나오고, 그 다음은 아름다운 호수들이 이어졌다. 그동안 사진으로만 보았던 핀란드의 전형적인 풍경이 눈앞에 펼쳐진 것이다.

한 시간쯤 지났을까? 첫 번째 역에서 기차가 멈추었다. 초등생으로 보이는 여자아이와 엄마가 타더니 좌석을 확인하고 내 앞에 와서 앉았다. 평소 핀란드 교육에 관심이 많았던 터라 절호의 기회라 생각하고 아이 엄마에게 말을 걸었다. 아이 엄마와 대화가 한창 무르익을 무렵, 기차는 두 번째 역에 도착했다. 새로운 승객들이 타면서 예약 승객에게 자리를 내주어야 했다. 그때부터 나는 빈자리를 찾아 큰 가방을 질질 끌며 이 칸 저 칸을 기웃거리는 신세가 되었다. 예약 안 한 것이 너무 후회되었다. 마지막 칸까지 쫓겨 간 나는 겨우 문가 구석에 빈자리를 찾아 앉았다. 통로 건너 좌석에 초로의 여인이 혼자 책을 읽는 모습이 눈에 들어왔다. 목적지가 가까워지고 있는 참이어서 호텔 정보를 얻을까 싶어 다가가 말을 붙였다.

"실례지만, 혹시 쿠오피오에 사세요?"

"아니요. 그 다음 정거장 만티라티<sup>Mäntylahti</sup>에 살아요."

"제가 여행 중인데 혹시 쿠오피오에 추천해줄 만한 호텔을 알고 계시나요?"

"저는 잘 모르지만 남편에게 한 번 물어볼게요."

그녀는 바로 남편과 통화를 하더니 전화를 끊고 물었다.

"꼭 쿠오피오에 묵어야 하나요?"

"아니요, 특별히 정해진 계획은 없어요. 그냥 핀란드 시골을 느껴 보고 싶어요."

"그럼 저희 집에 가실래요? 진정한 핀란드 시골풍경을 볼 수 있을 거예요. 남편이 약간 감기 기운이 있는데 상관없으시다면요."

이렇게 해서 나는 집 뒤로는 삼림이 우거지고 집 앞에는 호수가 있는 전형적인 핀란드 시골집에서 3박 4일을 보내는 행운을 얻게 되었다. 음악교사인 그녀의 이름은 시리<sup>Siiri</sup>였고 남편 타투<sup>Tatu</sup>는 숲 전문가<sup>forest engineer</sup>였다. 아들 결혼식에 참석하러 헬싱키에 갔다가 남편은 먼저 돌아오고, 시리는 친구들과 시간을 보내고 하루 늦게 귀가하는 길이었다.

핀란드의 호수마을

## 만티라티, 그곳에서는 나도 아티스트가 될지 모른다

쿠오피오를 지나쳐 그 다음 시골역에 내리자 훤칠한 키에 백발과 긴 흰 수염이 산타를 연상시키는 남편, 타투가 마중 나와 있었다. 시리는 남편을 보고는 달려가서 "My Santa"라며 품에 안겼다. 아름다운 중년 부부의 모습에 내 마음에 잔잔한 파동이 일었다.

우리는 읍내에 있는 부부의 단골식당으로 먼저 갔다. 그 집에서 가장 맛있다는 돼지고기 튀김을 먹으며 시리가 한국음식에 대해 물었다. 한국의 대표 요리가 불고기라고 하자, 한 번 먹어보고 싶다고 했다. 만드는 것이야 일도 아닌데 재료를 구할 수 있을지 모르겠다고 했더니, 가는 길에 큰 마켓에 들르자고 했다. 대형 마켓에서 우리는 불고기감 쇠고기와 전을 부칠 호박을 샀다.

타투 차를 타고 10여 분을 달리니 한적한 시골길이 나타났다. 그리고 머지않아 숲속에 있는 시리 부부의 그림 같은 집이 나타났다.

평수를 가늠할 수 없는 넓은 숲에 자리 잡고 있는 시리네 집은 목사였던 시아버지가 땅을 사서 손수 지었단다. 제일 먼저 지었다는 입구의 작고 허름한 건물에는 '1948년'이라는 숫자가 새겨져 있었는데, 지금은 창고로 쓰고 있었다. 아이들이 늘면서 타투의 아버지는 그 옆에 조금 더 큰 집을 지었다. 지금 그

악기로 장식한 거실

곳은 바이올린을 전공한 시리의 막내딸이 연습실 겸 레슨실로 혼자 쓰고 있단다. 아들 타투가 결혼해 가정을 이루면서 아버지 집을 싼값에 사서 현재의 본채를 지었다고 한다. 역사가 각각 다른 세 개의 건물은 내부구조나 가구도 옛 모습 그대로 보존되어 있어 마치 박물관을 보는 것 같았다.

집 앞에는 타투의 아버지가 직접 만들었다는 호수처럼 큰 연못이 있었다. 집 근처의 숲도 아버지가 나무를 심기 시작했고, 숲 기술자인 타투가 뒤를 이어 지금의 거대한 숲을 이루어 관리해오고 있단다.

집에는 사우나도 세 개(연기 사우나, 전통화덕 사우나, 보통 사우나)나 있었다. 계절과 용도에 따라 각기 다른 사우나를 즐기는데, 사우나 후에는 그대로 연못으로 뛰어들어 수영을 한단다. 거실에는 피아노와 바이올린 등의 악기가 있었고, 부엌에는 집을 지을 때 만든 구식 오븐과 현대식 전기오븐이 함께 있었다. 나무를 때서 사용하는 구식 오븐을 지금도 가끔 사용한다고 했다.

시리네는 거의 모든 생활을 자급자족했다. 야채는 텃밭에서, 과일

시리의 시아버지가 만든 인공 연못과 숲

은 마당에 있는 과일나무에서 수확해 먹고, 잼은 물론 치즈도 직접 만들어 먹었다. 빵과 쿠키는 일주일에 한 번 굽고, 옷도 옷감을 사다가 직접 만들어 입었다. 어쩌면 겨울이 길고 눈이 많은 시골의 자연환경이 사람을 다재다능하게 만드는지 모른다고 생각했다.

이른 저녁을 먹고 나서 시리는 만티라티의 전경을 구경시켜주겠다며 손전등과 모기 퇴치 스프레이 등을 챙겨 나를 차에 태웠다. 한참 벌판을 달려 산 아래에 도착했다. 시리는 길가에 차를 세우더니 전망대까지 3킬로미터는 트래킹을 하자며 앞장섰다.

아무도 보이지 않는 산길에 풀벌레 소리만 간간이 들려왔다. 풀섶 양옆으로 산딸기와 블랙 커런트<sup>black currant</sup>가 지천이었다. 시리는 익숙한 손길로 한 주먹을 따서는 내게도 건네고 자기 입에도 넣었다. 앞서서 올라가던 시리는 앵앵거리는 모기 소리가 들린다며 나와 자기 팔에 모기 퇴치 스프레이를 뿌렸다. 그런데 정상에 도착할 무렵 시리가 발을 살짝 접질리고 말았다. 그녀는 좀 쉬면서 발을 마사지하겠다며 나에게 먼저 올라가라고 재촉했다.

정상의 전망대에 이르니 만티라티 전체가 한눈에 들어왔다. 아래로 푸른 들판이 펼쳐지고, 또 그 아래로 숲과 호수와 집들이 희미하게 모습을 드러냈다. 벌판 한가운데 허름한 창고가 하나 보였다. 시리에게 무슨 용도의 창고냐고 물었더니, 한 유명 아티스트의 작업실이라고 했다. 그는 창고를 사서 상주하면서 시시각각 변하는 신비로운 자연풍경을 화폭에 담는다고 했다.

산 정상에서 초저녁 해가 기우는 시골풍경을 감상하고 있자니, 5,500명이 사는 작은 고장이면서도 훌륭한 아티스트들이 많이 배출

된다는 시리의 말이 떠오르면서 그럴만하다는 생각이 들었다. 이곳에서라면 어쩌면 나도 아티스트가 될 수 있을 것 같았다.

둘째 날 점심에는 불고기 파티를 하기로 했다. 마트에서 사온 고기는 불고기감으로는 너무 두껍고 질겨 산적처럼 다져 양념에 재워놓았다. 그리고 텃밭에서 상추를 뜯어 오고, 쌈장 대신 기꼬망(일본간장)으로 양념장을 만들고, 호박으로 전을 부쳤다. 산적불고기와 상추, 호박전에 밥을 해서 차렸더니 제법 푸짐한 한식상이 만들어졌다. 시리 부부는 내가 무안할 정도로 감탄사를 연발했다. 그들에게 상추에 고기를 얹고 양념장을 올린 다음 쌈을 싸서 먹는 법을 가르쳐주었다. 우리는 열심히 상추쌈을 만들어 입에 넣었다. 한국인을 한 번도 본 적이 없다는 그들과 마주앉아 핀란드의 북쪽 시골마을에서 불고기에 상추쌈을 먹게 되다니! 상상조차 하지 않은 일이 눈앞의 현실이 되어 있었다. 우리는 뜻밖에 만난 행운을 마음껏 즐겼다.

오후에 시리는 친구들 집을 구경시켜 주겠다며 나를 데리고 집을 나섰다. 가장 먼저 간 곳은 아티스트가 하는 카페 '루오바뿌Luovapuu' 였다. 카페 겸 갤러리에는 주인의 나무조각품들이 전시되어 있었다. 여름에는 카페를 운영하고, 춥고 손님이 없는 겨울철에는 작품 활동을 한다고 했다.

카페에서 빅토리아 케이크와 커피를 시켰다. 빅토리아 케이크는 손님 접대용 케이크라는데 이

'루오바뿌'의 작품들

름처럼 우아한 케이크에 예쁘게 접은 종이 냅킨이 커피잔에 함께 올려져 나왔다. 케이크 이름 탓인지, 여왕으로 대접받는 기분이 들었다.

## 1930년대 잡지를 읽는 사람들

다음에는 '민나<sup>Minna</sup>'라는 친구가 운영하는 갤러리로 갔다. 171년 된 목사관을 구입해 갤러리로 꾸며 놓았는데, 콘서트도 열고 회의장으로도 이용한다고 했다. 민나 부부는 음악가로도 활동하는데, 주로 주말에 연주활동을 한다고 했다. 인사차 갤러리에서 35유로짜리 화집을 한 권 샀다.

이번에는 '인게리<sup>Inkeri</sup>'라는 의사 부부 집으로 향했다. 호수가 이어지는 시골길을 한참 달려 숲을 지나자 집이 한 채 나타났다. 마당에 차를 세우고 벨을 눌러도 인기척이 없었다. 시리는 부부가 아마 섬머하우스<sup>Summer house</sup>에 있는 모양이라며 나를 호숫가 별채로 데리고 갔다. 큰 유리창을 통해 부부가 소파에 누워 발을 맞대고 잡지를 읽고 있는 모습이 보였다. 살며시 다가가 무슨 책을 읽나 보았더니 내가

태어나기도 훨씬 전인 1930년대 잡지였다. 시리네 거실에서도 오래된 잡지를 보았는데, 어쩌면 해묵은 잡지책을 대대로 물려가며 읽는 게 핀란드의 전통인지 모르겠다는 재미있는 생각을 했다.

인게리 부부는 우리에게 홈

인게리 부부 집의 1930년대 잡지

메이드 와인과 주스를 대접해주었다. 나의 한국 생활과는 전혀 다른 '시간이 멈춘 듯한' 그들의 생활 속에 함께 있자니, 마치 꿈을 꾸는 기분이었다.

다음날 시리는 자기가 오르간 봉사를 하는 교회를 구경시켜주겠다고 나섰다. 그곳에서 핀란드 전통 결혼행진곡과 장례식 음악을 들려주겠다며 큼직한 가죽가방에 악보를 챙겨 넣었다.

교회 1층을 돌아보고 나서 우리는 오르간이 있는 2층으로 올라갔다. 시리는 벽면에 설치되어 있는 오르간에 앉더니 먼저 장례식 음악을 연주했다. 음악이 없는 우리나라 장례식과는 달라 새롭기도 하고, 어떤 음악이 연주될지 궁금했다. 아무도 없는 교회 안에 장엄한 음악이 울려 퍼졌다. 경건한 마음으로 잠시 나의 죽음을 떠올려 보았다. 죽을 때 나는 '인생을 잘 살고 간다'고 할 수 있을까? 내가 출근하는 길에는 대형병원이 있어 새벽에 영구차를 만날 때가 있었다. 2차선 도로라 어쩔 수 없이 영구 행렬을 뒤따라가게 되는데, 깜박깜박 비상등을 켜고 가는 리무진을 볼 때마다 '고인은 어떤 사람었을까? 저 사람은 인생을 잘 살다가 가는 것일까?'가 늘 궁금했다.

무겁고 느린 음악이 멈추고, 이번에는 웨딩마치가 울려 퍼졌다. 핀란드 결혼행진곡은 세 종류가 있단다. 그중에서 신부가 원하는 곡으로 연주한다면서 시리는 한 곡씩 차례로 연주하며 설명까지 해주었다. 연주 도중 시리가 아래층을 가리키며 말했다.

"저 커플이 이번 주에 결혼할 부부예요. 결혼행진곡을 듣는 모습이 무척 행복해 보여요."

아래층을 내려다보니 단상 위에는 한 쌍의 남녀와 40대 여성이 서 있었다. 그 여성이 목사님이라고 했다.

## 정성 어린 핀란드 사우나에 감동하다

저녁때가 되자 민나네 갤러리로 이동하자며 시리 부부가 분주하게 움직였다. 민나 부부가 외지로 주말 콘서트를 하러 가는데 하룻밤 갤러리를 지켜주기로 했다는 것이다. 시리는 침대시트와 베갯잇, 수건, 약간의 음식을 차에 실었다. 남의 집에 묵을 때 손님이 자신이 사용할 침구시트를 직접 가지고 가는 것은 참 좋은 아이디어라고 생각했다. 자녀들이 부모 집에 오는 경우에도 그렇게 하느냐고 물었더니 자동차로 이동하는 경우는 가져오고, 대중교통을 이용할 때는 그냥 온다고 했다. 우리는 손님이 온다고 하면 음식이며 정갈한 이부자리를 준비하느라 얼마나 부산스러운가. 합리적인 그들의 관습이 부러웠다. 또 집을 제공하는 쪽에서 미리 준비한 음식이나 물건들을 알려주면 손님도 이에 맞추어 준비물을 챙긴다고 했다.

민나네 갤러리에 도착한 시리 부부는 또 다시 바쁘게 움직였다. 시리는 방방을 돌아다니며 침대와 베개시트를 모두 갈아 끼웠고, 타투는 태풍이 온다며 집단속과 문단속을 하느라 분주했다. 밤이 되자, 일기예보대로 강한 바람이 불고 비가 내리기 시작했다. 그리고 끝내는 정전이 되었다. 우리는 촛불을 켜놓고 앉아 저녁식사를 했다. 폭풍우가 몰아치는 바깥에서는 나뭇가지 꺾이는 소리가 종종 들렸지만 희미한 촛불이 깜박이는 실내는 크리스마스이브처럼 고요하고 아늑했다.

폭풍이 잦아지고 바람이 약해지자 타투는 날씨가 서늘하니 사우나를 하라며 장작불을 때서 준비를 해주었다. 한국에서는 숨 막혀 싫다고 사우나는커녕 찜질방도 가지 않는데 타투의 정성이 고마워 도저히 마다할 수 없었다. 그런데 막상 해보니 핀란드 사우나는 숨 막힐 정도로 덥지는 않았다. 시리와 함께 사우나를 하고 났더니 그녀와도 한결 더 가까워진 느낌이 들었다.

핀란드 시골마을에서 시리-타투 부부와 함께했던 3박 4일의 홈스테이는 경험도 경험이지만 그 이상의 감동을 선물로 받았다. 떠나기 전에 얼마라도 사례를 하려고 했지만 시리 부부는 극구 사양했다. 다음 날 아침식사를 마치고 인간 산타 부부의 전송을 받으면서 나는 진짜 산타마을을 향해 떠나왔다.

# Stratford-upon-Avon, Warwickshire, United Kingdom

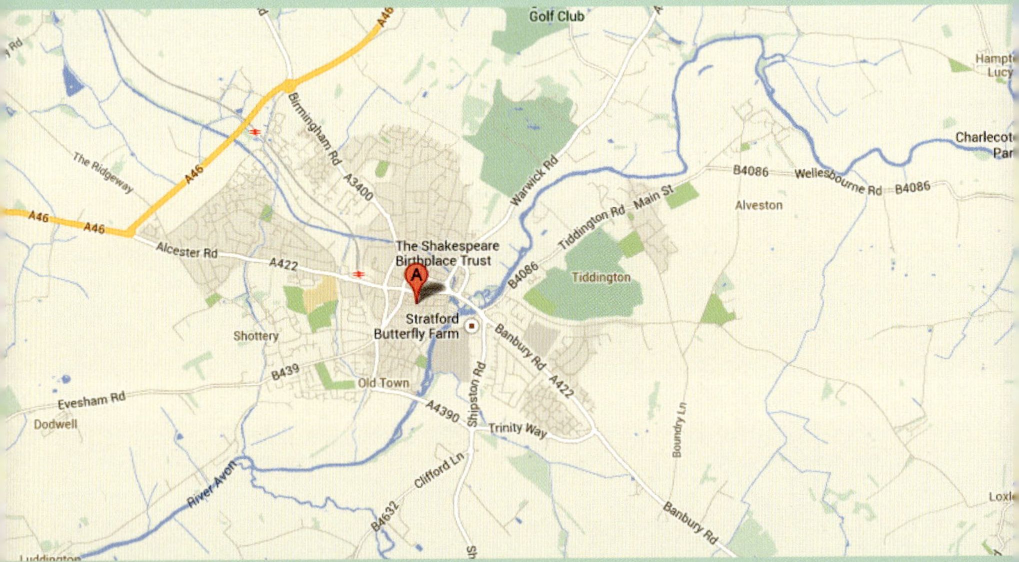

# 나는 늘 영국이 그립다
## _영국의 비앤비

비앤비B&B, Bed and Breakfast는 잠자리와 아침식사를 제공하는 영국의 민박이다. 보통 은퇴한 노부부들이 교외에 정원 딸린 넓은 자기 집에서 남아도는 방을 손님에게 내주는 숙박 형태로 운영하며, 규모가 작고 가족적이다. 집안일도 부부끼리 하고, 아침식사도 직접 정성스레 준비해서 서빙한다. 아침식사를 하러 식당에 가면 주인이 손님들을 일일이 소개하기도 한다. 거실에는 손님들이 나와서 TV를 보거나 책을 읽으며 쉴 수 있게 해놓았으며, 간단한 간식을 준비해 놓는 집도 있다. 가족적인 분위기의 비앤비는 주택가라 조용하고 안전하며 덜 상업적이라 좋은 반면, 대부분 변두리에 있어서 교통이 불편한 게 단점이라면 단점이다. 어떤 비앤비는 예약할 때 부탁하면 무

스콘과 함께하는 티타임

료로 기차역이나 버스터미널까지 픽업을 해주기도 한다. 내가 화려하고 이름난 호텔보다 비앤비를 사랑하는 이유는 소박한 영국식 정원과 그 정원 가까이에서 차를 마실 수 있는 차도구가 준비되어 있어서다. 이 두 가지가 없었다면 나는 영국여행을 최고로 치지는 않았을 것이다.

비앤비에 묵으려면 일반 숙박업소와 마찬가지로 여행안내소에서 소개를 받을 수도 있고, 직접 찾아볼 수도 있다. 처음에는 나도 여행안내소에서 소개를 받았다. 상담을 할 때마다 나는 가능하면 욕실과 정원이 있는 집으로 부탁했다. 최근에는 내 눈으로 직접 보고 마음에 드는 비앤비를 고르는 일이 재미있어 비앤비 찾기 자체를 여행으로 즐기게 되었다.

여행지에 도착하면 나는 일단 택시를 타고 기사에게 비앤비가 있는 지역으로 가달라고 한다. 그리고 천천히 걸으면서 마음에 드는 집

비앤비의 정원

이 있으면 간판 아래에 빈방여부<sup>Vacancies / No Vacancies</sup>를 확인한다. 빈방이 있으면 현관 벨을 눌러 방값을 물어보고 방을 구경하고 나서 숙박여부를 결정하면 된다.

비앤비의 원조는 영국이다. 그래서 영국이나 영연방이었던 나라 등 관계가 있었던 나라들은 제대로 비앤비 형태를 유지하고 있다. 그런데 그 밖의 유럽 지역은 이름만 비앤비지 일반 숙박업소와 거의 다를 게 없다. 내가 묵었던 곳 중에서 가장 영국적이면서 특색 있는 비앤비는 잉글랜드, 스코틀랜드<sup>Scotland</sup>, 웨일스<sup>Wales</sup>에서 만났다. 여기에서는 특히 기억에 남아있는 몇몇 숙소에 대한 이야기를 하려고 한다.

## 꿈에 그리던 셰익스피어의 고향을 찾다

"To be, or not to be; that is the question(죽느냐, 사느냐 그것이 문제로다)."

영문학에 문외한인 사람이라도 셰익스피어<sup>Shakespeare</sup>의 《햄릿<sup>Hamlet</sup>》에 나오는 이 구절은 알고 있을 것이다. 드디어 나는 오랜 동안 동경해 왔던 영국의 대문호 셰익스피어의 고향을 찾아갔다.

런던 빅토리아 코치스테이션에서 버스를 타고 3시간 10분을 달려 스트랫퍼드어폰에이번<sup>Stratford-upon-Avon</sup>에 도착했다. 셰익스피어가 태어날 당시 스트랫퍼드는 인구 2,000명도 안 되는 작은 도시였다. 옥스퍼드<sup>Oxpord</sup>와 코벤트리<sup>Coventry</sup>가 인접해 있는 교통의 요지였고, 정기적인 가축시장이 열렸던 곳이다. 셰익스피어의 아버지는 가죽장갑을 만들어 파는 상인이었는데 재산을 모으고 명성을 얻어 훗날 시장까지 되었다. 당시 스트랫퍼드는 가축들이 쏟아낸 오물로 인해 전염병

이 극성을 부렸다고 한다. 그러나 지금은 하루 평균 1만 명 정도의 여행객이 몰리는 세계 최고의 문화관광지로 거듭났다. 그래도 여전히 Sheep Street, Swine Street, Cattle Market과 같이 양, 돼지, 소 등이 등장하는 거리와 시장 이름이 남아있어 과거 가축시장이 열리던 곳의 흔적을 확인할 수 있다.

평일 오전이라서 그런지 내가 도착한 날은 관광객 수가 많은 도시치고는 한가로웠다. 숙소를 알아보러 먼저 여행안내소를 찾았다. 한산한 거리와 달리 사무실은 매우 분주했다. 차례를 기다렸다가 직원에게 적당한 숙소가 있느냐고 물었다. 여직원은 컴퓨터로 잠깐 검색을 하더니 마땅한 게 없다며 제시한 가격대가 비슷한 몇 개의 방들을 소개하며 내 의향을 물었다. 숙박비만 비싸고 내키지 않았다. 게다가 직원의 성의 없는 태도도 마음에 들지 않았다. 도시도 작고 시간적으로 여유가 있으니 직접 찾아 나서기로 했다.

큰 여행가방이 있어 우선 비앤비가 밀집해 있는 거리까지 택시를 타기로 했다. 길가에 정차해 있던 택시에 다가가 기사에게 목적지를 말했다. 차 밖으로 나와 차체에 몸을 비스듬히 기대고 신문을 읽고 있던 기사는 가까운 거리니 걸어가 보라고 했다. 잠시 멈칫거리자 스트랫퍼드 지도를 한 장 꺼내와 볼펜으로 크게 표시를 해주면서 손으로 방향을 가리켰다. 고맙다는 인사를 하고 거리 표지판을 두리번거리며 천천히 걸었다. 간간이 눈에 들어오는 'Shakespeare'라는 영문이 그의 고향임을 실감나게 했다.

지도에 표시된 비앤비 거리 그로브 로드<sup>Grove Road</sup>는 정말로 가까운 곳에 있었다. 거리 초입부터 조금씩 모양이 다른 집들에 비앤비 간판이 경쟁하듯 붙어 있었다. 빈 방이 있음을 알리는 'Vacancies' 팻말이 두 집 건너 한 집씩은 보였다. 일단 안심이 되었다. 그렇다면 시간이 조금 걸리더라도 마음에 쏙 드는 예쁜 집을 찾아야겠다고 생각했다. 몇 발짝 더 들어가자 맞은편에 화사한 화단이 돋보이는 집이 있었다. 현관문에는 'Vacancies' 팻말이 보였다. 흥분해서 서둘러 길을 건너 갔다. 'Woodstock Guesthouse'의 벨을 누르기 전에 낮은 담 너머로 안마당을 슬쩍 훔쳐보니 앙증맞은 꽃들이 보였다. 마당 안쪽에 반듯하게 매어놓은 빨랫줄에는 안주인의 살림 솜씨를 증명하듯 새하얀 시트들이 가지런히 널려 있었다. 현관벨을 지그시 누르니 예상대로 깔끔하고 표정이 밝은 안주인이 문을 열고 나왔다.

안내받은 방은 제법 넓직했고, 수수한 가구며 침구가 잘 정돈되어 있었다. 더욱 마음에 들었던 것은 마당을 향해있는 창가 쪽의 긴 의자였다. 의자에는 주인아줌마가 직접 만든 것 같은 천 방석을 얹어놓았는데 거기에 앉아있으면 얇은 레이스 커튼 사이로 싱그러운 녹색 풍경이 한눈에 들어왔다. 이 방에 머무는 동안 나는 자주 여기에 앉아 책을 읽었고, 즐거운 상상에 빠졌다.

체크인을 마치고 점심 요기를 하려고 안주인 재키<sup>Jackie</sup>에게 적당한 식당과 셰익스피어 연극공연 티켓에 대해 물었다. 재키가 '펍 윈드밀 Pub Windmill'을 추천하기에 "그곳이 혹시 과거에는 풍차방앗간이었나요?"라고 물었더니 그렇다고 고개를 끄덕였다. 낮 공연을 보고 싶다고 했더니, 내일 마침 로열 셰익스피어 극단<sup>R.S.C, Royal Shakespeare Company</sup>에서 낮에《겨울 이야기<sup>The Winter's Tale</sup>》를 공연한다며 일정이 자세히 나와있는 브로슈어까지 주었다.

숙소에서 5분 거리에 있는 펍 윈드밀은 벽에 하얀색 페인트칠을 하고 빨간 꽃으로 예쁘게 꾸며 놓았지만 투박하고 거친 외양과 풍차 그림 간판이 대번에 과거에 뭐하는 곳이었는지를 짐작케 했다. 식당 뒤편에는 'Windmill Inn'이라는 여관 간판도 보였다. 펍 문을 열자 대낮인데도 실내는 침침했고, 제법 진한 맥주 냄새가 풍겼다. 한 잔 걸친 듯 불그스레한 얼굴들도 눈에 띄었다.

탁한 공기를 피해 창가 쪽에 자리를 잡고 종업원에게 런치 스페셜 메뉴와 흑맥주를 주문했다. 한참 만에 나온 큰 접시에는 소시지며 감자, 콩, 익힌 토마토 등 영국치고는 푸짐한 음식이 담겨 있었다. 오랜만에 영국에서 배불리 먹었다. 느긋하게 식사를 마치고, 먼저 공연 티켓을 사놓고 나머지 반나절 동안은 셰익스피어 관련 명소들을 구경했다.

글로브 극장Globe Theatre
1599년 셰익스피어 극단에 의해 세워졌으나
1613년 화재로 인해 문을 닫았다가 1997년 다시 복원되었다.

### 홀스 크로프트Hall's Croft

먼저 식당에서 가장 가까운 홀스 크로프트를 찾았다. 문 옆 매표소에서 셰익스피어와 관련된 다섯 곳을 구경할 수 있는 종합 티켓Shakespeare's Houses & Gardens 5 House Pass을 17파운드(대략 3만 원)에 구입했다.

홀스 크로프트는 셰익스피어의 딸 수잔나Susanna와 그녀의 남편 존 홀John Hall이 살았던 집이다. 셰익스피어의 아내 앤Anne의 혼전임신으로 결혼 6개월 후에 태어난 맏딸 수잔나는 스트랫퍼드에서 평범하게 잘 자라, 1607년에 의사와 결혼했다. 존은 이 고장에서 매우 성공한 개업의였고, 자식은 딸 엘리자베스Elizabeth 하나만 낳고 부부는 오랫동안 잘 살았다. 수잔나의 묘비에는 "She was 'witty' with 'something of Shakespeare' in her

홀스 크로프트

personality(그녀의 품성에 아버지 셰익스피어의 재치가 섞여 있었다)"라고 새겨져 있다.

옛 간판이 그대로 걸려있는 홀스 크로프트는 집 안에 있는 튜더Tudor 왕조풍의 고급 가구들과 풍요로운 살림 가재들, 넓고 아름다운 정원 등이 그 시절 성공한 시골의사의 생활상을 잘 보여준다.

## 셰익스피어의 생가Shakespeare's Birthplace

헨리 스트리트Henley St.에 있는 셰익스피어의 생가 앞은 평일인데도 단체관광을 온 학생들로 시끌벅적했다. 영국에 어학연수 온 외국 학생들에게 셰익스피어의 고향 스트랫퍼드는 주말 필수 방문코스다. 나도 몇 해 전에 케임브리지에 영어연수를 왔을 때 관광버스를 타고 스트랫퍼드 근처의 워윅Warwick 성과 셰익스피어 생가, 그의 장모가 살았던 집을 당일코스로 돌았던 적이 있다. 그때는 짧은 일정이라서인지 별 느낌이 없었고, 집만 한 바퀴 휘 둘러보면서 "헌집 잠깐 보는데 웬 입장료가 이렇게 비싼 거야"라고 투덜댔다. 게다가 출구마다 꼭 거쳐야 하는 기념품가게에 더 기분이 상했던 기억이 있다.

뼈대를 목조로 한 커다란 가옥은 1556년 아버지 존 셰익스피어John Shakespeare가 구입했고, 그 집에서 1564년에 윌리엄 셰익스피어William Shakespeare가 태어났다. 지금 집은 19세기 말에 에드워드 깁스

셰익스피어의 생가

Edward Gibbs가 원 튜더 스타일 농가에 좀 더 근접하게 복원해 놓은 것
이다. 세대를 뛰어넘는 대문호의 집이라 해도 집안 살림살이는 여느
가정집과 별반 다르지 않았다.

그러나 집 밖으로 나와 앞마당에 들어서자 색다른 풍경이 나타났
다. 정원 한가운데서 셰익스피어극 전문배우들이 작품을 열연하고
있었다. 방문객들은 즉석 관객이 되어 배우들과 호흡을 맞추었다.
공연 도중 관객이 원하면 연기지도까지 해주었다. 말하자면 '셰익
스피어 워크숍'인 셈이다. 다시 한 번 최고의 극작가 생가에 있음을
실감하는 순간이었다.

마지막으로 출구 옆의 기념품가게에 들어가 별 생각 없이 둘
러보다가 뜻밖의 보물을 발견했다. 앤드류 돈킨Andrew Donkin이 쓴
《William Shakespeare and his Dramatic Acts》라는 청소년 대상의
책이었다. 혹시나 내 영어수업에 도움이 될 만한 내용이 있나 싶어
책장을 몇 장 넘겼다. 책 속에는 셰익스피어에 대한 놀랍고도 재미있
는 비밀들이 실려 있었다. 나는 얼른 계산대로 가져가 계산을 했다.

셰익스피어 덕분에 스트랫퍼드는 매년 300만 명 이상의 관광객
이 찾는 최고의 관광명소가 되었다. '셰익스피어를 인도와도 바꾸
지 않겠다'고 그를 추켜세웠던 엘리자베스 1세 여왕의 말이 전혀 터
무니없는 과장만은 아니겠다 싶기도 하다. 하지만 인도가 영국의 식
민지가 된 것은 여왕이 죽고 나서도 100년이 더 지난 후대의 일이니
여왕의 말씀이 영 터무니없는 것도 사실이긴 하다.

### 앤 해서웨이 코티지 Anne Hathaway's Cottage

셰익스피어의 아내 앤의 친정집인 앤 해서웨이 코티지는 스트랫퍼드에서 그리 멀지 않은 쇼터리 Shottery 의 부유한 농가다. 말이 코티지('시골에 있는 작은 집'이란 뜻)지 실제로는 '휴랜드 Hewlands '라고 불리는 12개의 방이 있는 큰 집이다. 정원도 꽤 크고 집 뒤 언덕에는 넓은 사과 과수원도 있다. 한여름이라 사과나무에는 보기 좋게 익은 빨간 사과들이 매달려 있어 지나가는 사람들의 발길을 멈추게 했다. 앤이 결혼 전에 살았던 집과 아름다운 전원을 보니 셰익스피어의 좀 엉뚱한(?) 사랑이 아주 당연하게 여겨졌다.

앤 해서웨이 코티지는 독특한 도토리 모양의 초가지붕이 농가를 실감나게 한다. 단정하게 자른 숱 많은 단발머리 모양의 지붕은 '저게 진짜 지붕일까?' 하는 의구심마저 들게 한다. 그 당시 농가는 지붕을 그렇게 만들었던 모양이다. 쇼터리 입구부터 같은 스타일의 집들이 여기저기 눈에 띄어 표지판 없이도 앤 헤서웨이 코티지가 머지 않았음을 암시해주었다. 코티지 맞은편에는 카페가 있었다. 카페 마당에 들어서니 사람들이 북적거렸다. 시계를 보니 정확히 11시, 영국의 티타임은 여기서도 어김없이 지켜지고 있었다.

앤 해서웨이 코티지

# "에든버러 기차만 타도 여행이죠"
## _에든버러의 비앤비

내가 에든버러<sup>Edinburgh</sup>에 간다니까 영국 사람들마저 "에든버러 기차만 타도 그게 여행이죠"라고 부러워했다. 내가 여행 중 만났던 한 독일 여성은 우연히 TV에서 에든버러 기차가 하일랜드<sup>The Highlands</sup>를 달리는 모습을 보고 반해 스코틀랜드 여행의 꿈을 키웠다고 했다.

사실 에든버러는 첫 영국여행 때부터 가보고 싶었던 곳이다. 케임브리지에서 영어연수를 받을 때 에든버러에 가겠다고 계획을 세웠다. 기차표를 못 구할까 봐 같이 갔던 동료 교사들과 나는 먼저 차표만 사놓고, 영어학교 직원에게 숙소를 알아봐 달라고 부탁했다. 그는 몇 군데 전화를 해보고는 고개를 저었다. 8월은 에든버러축제<sup>Edinburgh Festival</sup> 때문에 최소한 1개월 전에 예약하지 않으면 방이 없다는 것이었다. 숙소 때문에 망설이다 일단 가서 부딪쳐보자는 의견이 많아 에든버러 열차를 타러 런던으로 갔다. 이때만 해도 소심하고 겁이 많았던 나는 열차에 오르기 전까지 고민을 반복하다가 결국 포기하고 말았다. 혼자 환불을 받으러 티켓창구에 갔더니 케임브리지에서 구입한 표는 런던에서 환불이 안 된다고 거절당했다. 결국 10만 원은 족히 되는 기차표 값만 날렸다.

두 번째 영국을 찾았을 때도 숙소예약은 안 한 상태였다. 그러나 이때는 여행에 대해 어느 정도 자신감이 생기고 노하우도 있어 일단 가서 부딪쳐보기로 맘먹었다. 정 안 되면 비싼 호텔에 묵으면 된다는 생각이었다. 불과 몇 년 만에 나는 강심장 여행자가 된 것이다.

런던에서 기차를 타고 5시간 넘게 달려 에든버러에 도착했다. 먼저 여행안내소를 찾아가 긴 줄을 기다려 숙소를 알아봤다. 예상대로 별 4개짜리 호텔 외에는 빈방이 없다는 실망스런 대답을 들어야 했다. 시간이 좀 있어서 비앤비 거리로 가서 직접 찾아보기로 했다. 운 좋게도 정말 친절한 택시기사를 만났다. 그는 길가에 차를 세워놓고 직접 비앤비 10여 집을 노크하고 빈방 여부를 물었다. 다행히 방금 전에 취소되었다는 스위트룸을 일반가격에 구할 수 있었다. 아쉽게도 단 1박만 가능했다.

다음날 아침식사를 마치자마자 방을 구하러 주변 비앤비를 30분 이상 기웃거렸다. 혹시나 싶어 '빈 방 없음No Vacancies' 팻말이 걸려있는 집도 벨을 누르고 확인했지만 허사였다.

방 구하기를 포기하고 시내로 나가 에든버러 성과 그 일대를 구경했다. 외곽으로 나가면 방 구하기가 좀 더 수월하겠다 싶어 기차를

에든버러 전경

타고 글래스고우<sup>Glasgow</sup>까지 갔다. 다행히 여행안내소에서 호텔을 예약할 수 있었다. 시내인데다 방값이 싸고 전망도 좋아서 횡재한 기분이 들었다. 저녁거리로 샌드위치와 콜라를 사들고 기분 좋게 객실에 들어섰다. 탁 트인 통유리 창으로 멀리 푸른 산을 배경으로 시내 전경이 눈에 들어왔다. 수고한 보람이 있다고 만족해하며 사들고 온 샌드위치를 한 입 베었다. 순간 문득 손을 씻어야겠다는 생각이 들었다.

그런데 욕실의 전등 스위치를 올리는 순간, 갑자기 화재경보기가 울리기 시작했다. 오작동이려니 생각했다가 혹시나 해서 욕실과 방 안을 둘러보았지만 모든 게 다 정상이었다. 그러나 요란스레 울리는 경보음은 쉽게 그치지 않았다. 겁이 나서 현관문을 열고 복도를 내다보았다.

## 예민한 화재경보기, 사고를 내다

어스름한 복도에 중국인처럼 보이는 한 남자가 서 있었다.

"What happened?"

"Fire."

"What shall I do?"

"Escape."

가슴이 두근두근거리는데, 이상하게 머릿속은 차분해지는 느낌이었다. 출입문에 붙은 대피도가 눈에 들어온 것만 봐도 내가 얼마나 침착했는지를 알 수 있다.

배낭과 재킷을 집어 들고 먹던 샌드위치와 콜라도 챙겼다. 조심조심 계단을 이용해 호텔 밖으로 빠져나갔다. 호텔 앞에는 먼저 나온

투숙객들로 소란스러웠다. 그런데 긴급 상황치고는 사람들의 태도가 이상하리만치 차분하고 여유로웠다. 마시던 맥주잔을 들고 온 사람, 와인을 홀짝이는 사람, 팔짱을 끼고 구경하는 사람…….

한 유럽 아줌마에게 다가가 어떻게 된 일이냐고 물었다.

"말도 말아요. 이번 주 들어서만 벌써 세 번째예요."

한 번은 한밤중에 잠옷 바람으로 뛰쳐나온 적도 있다고 했다. 그제야 방값이 싸고 쉽게 구해진 게 이해되었다.

소방차가 도착하고 몇몇 소방관들이 호텔 안으로 들어갔다. 10분 정도 지나자 아무 일 없으니 입실하라는 안내방송이 나왔다. 지나치게 예민한 화재경보기가 짙은 담배연기나 스팀에 과잉 반응한 모양이라고 했다.

방으로 들어와 의자에 앉으니 다리에서 힘이 쭉 빠졌다. 별의별 생각이 다 들었다.

'지금이라도 다른 호텔로 옮길까? 아니야. 설마 오늘밤에 또 같은 일이 일어나겠어?'

나는 내 맘 편한 쪽으로 생각하기로 했다. 그래서 먹다 남은 샌드위치를 마저 먹고 잠자리에 들었다.

그 다음날 형식적인 여행을 마치고 에든버러 발 런던 행 기차에 몸을 실었다. 그런데 엎친 데 덮친 격이라고 해야 할까, 출발한 지 한 시간쯤 지났을 때 갑자기 벌판에서 기차가 멈춰 서는 일이 발생했다. 처음에 별일 아니겠지 했던 기차는 두 시간을 그 자리에서 꿈적도 하지 않았다. 특별한 안내방송도 나오지 않았다. 그런데도 희한하게 나는 별로 지루하지 않았다. 아마도 황홀할 정도로 아름다운 바깥 경치

에든버러축제의 퍼포먼스

때문이었을 것이다.

　인생만사 새옹지마라고 '글래스고우 화재경보기 사건'은 며칠 후 시작된 런던 에머슨대학교 연수 때 광대연극<sup>clowning</sup> 시간에 좋은 시연 demonstration 소재가 되었다. 그래도 호텔 화재경보기 사건과 벌판에서 멈춰섰던 열차사건이 에든버러에 대한 첫인상이 된 것은 안타깝다.

### 중세와 현대가 절묘하게 어우러지다

　두 번째로 다시 찾은 에든버러는 처음 왔을 때와는 영 딴판이었다. 가는 곳마다 그림 같은 풍경과 볼거리들로 굳이 명소를 찾을 필요가 없었다. 올드타운과 뉴타운으로 나뉜 시내는 중세와 현대가 조화롭게 공존하고 있었다. 올드타운인 로열마일<sup>Royal Mile</sup>에는 재판소와 성자일스 대성당<sup>St. Giles Cathedral</sup> 등이 옛 모습 그대로 관광객들을 맞았다.

거리 구석구석에는 지켜봐 주는 사람이 없어도 열심히 악기를 연주하는 거리악사들이 자칫 칙칙할 수 있는 올드타운에 활기를 불어넣어주었다. 또 스코틀랜드의 명물 타탄tartan(체크 무늬로 된 천)으로 만든 킬트kilt 스커트를 입고 한껏 뺨을 부풀려 백파이프를 연주하는 백파이퍼와 방금 산 적녹색 타탄 킬트를 입고 즐거워하는 여행객들을 보면 '여기가 정말 스코틀랜드 맞구나!' 하고 실감이 났다.

18세기 말에 치밀한 도시계획에 의해 건설된 뉴타운은 프린세스 스트리트Princess St.를 중심으로 형성되어 있다. 프린세스라는 이름에서 알 수 있듯이, 스코틀랜드의 대표적인 쇼핑가로 고급 백화점과 상점들이 즐비하다. 기념으로 캐시미어 머플러를 하나 사서 매고 언덕을 따라 계속 올라갔다. 그 길은 에든버러 성 입구로 이어졌다.

첫 방문의 실망스런 기억이 남아있어 크게 기대를 안 해서였는지 다시 찾은 에든버러는 모든 게 새로웠고, 보는 것마다 의미 있는 그림으로 다가왔다.

### 빅토리아풍의 게스트하우스 아나사이드

택시를 타고 비앤비 거리로 향했다. 대로변 양옆을 두리번거리니

스코틀랜드의 킬트 스커트

드문드문 비앤비 간판이 보였다. 빈방 표시가 있는 두어 집에 들어가 방값을 물어보니 예상보다 비싸고 마음에 들지도 않았다. 이른 오후라 시간은 넉넉했다. 좀 더 찾아보자 맘먹고 주택가 골목으로 접어들었다. 규모는 작지만 아기자기한 가정집 풍의 비앤비들이 눈에 들어왔다. 흰색 외관에 깔끔하면서 고급스러워 보이는 한 빌라에 '게스트하우스 아나사이드Guesthouse Ard-Na-Said'라는 예쁜 간판이 걸려있고, 아래 빈방 표시가 보였다.

지금까지 여행하면서 여러 숙소에 묵어 보았지만 아나사이드만큼

프린세스 스트리트 공원에서 바라본 에든버러

특별한 곳은 없었다. 이름도 독특했지만, 주인이 인도인처럼 보여서 처음에는 인도식 이름인가 했다. 그런데 그게 아니고 'Ard-Na-Said' 는 에든버러 화산의 원래 이름으로 지금은 'Arthur's Seat(아서시트)' 로 부른단다.

아나사이드는 1875년에 지은 고풍스런 빅토리아풍의 빌라인데 집 안 내부는 최신 시설로 꾸며져 있었다. 계단과 복도 곳곳에는 주인의 정성스런 손길이 느껴지는 장식품들이 있었다. 객실에 들어서자, 은은한 아이보리색 벽에 한 면만 붉은 무늬로 악센트를 준 우아하면서도 따뜻한 침실이 눈에 들어왔다. 조화를 깨뜨리지 않으려는 듯 적당히 배치한 흰색 가구들도 편안함을 더해 주었다.

게스트하우스치고 상당히 넓은 욕실은 방금 오픈한 모델하우스처럼 손때 하나 묻지 않았고, 생전 처음 보는 진기한 소품들은 계속해서 셔터를 눌러대게 했다. 고급스런 인테리어에 특이한 모양의 수도꼭지가 달린 세련된 디자인의 세면대, 벽에 걸린 예쁜 거울, 벽걸이 화분, 심지어는 귀여운 꽃무늬 화장지케이스까지 주인의 정성이 담기지 않은 것이 하나도 없었다.

식당도 볼거리로 가득했다. 여름철에 자칫 답답하고 때로는 불결하게 느껴지기까지 하는 두꺼운 카펫 대신 산뜻한 원목 마루였고, 정원을 향하고 있는 식탁 배치는 아침 기분을 상쾌하게 했다. 식탁 위의 유리컵에 담겨 있는 두 송이 빨간 꽃은 흰 냅킨과 함께 마치 갓 결혼한 신부를 축하하기 위해 마련된 리셉션처럼 가슴 설레게 했다.

빅토리아풍 앤틱 소품들로 장식한 식당 안을 두리번거리고 있자니 앞치마를 두른 주인이 전날 미리 주문받은 스크램블드에그와 훈

제연어를 둥근 빵 위에 올린 큰 접시를 조심스럽게 놓고 갔다.

이 집에서 며칠 더 머물고 싶었지만 아쉽게도 빈 방이 없어 하루 행복으로 끝나야 했다. 안주인 올리브는 방이 없어 미안하다며 친절하게도 같은 동네에 사는 친구 그레이스네를 소개해주었다.

## 미스터리로 남은 그레이스 비앤비

아나사이드의 안주인 올리브가 소개해준 '그레이스Grace 비앤비'의 주인은 활달하고 상술이 뛰어났다. 방을 안내하면서 묻지도 않았는데 대뜸 방값이 싸다는 얘기부터 늘어놓았다. 방 수준이 확연하게 다른 것은 생각지 않는 모양이었다.

스코틀랜드로 이민 온 지 한 20년 됐다는데 꽤나 억척스럽게 살았던 모양이다. 큰집도 장만하고 딸도 좋은 대학 출신이라고 자랑하는 걸 보니 나름대로 자리잡고 성공한 것 같았다. 남편은 아직 택시 운전을 한다고 했다.

그레이스네에서 2박을 하는 동안 아침식사도 안 하고 매일 새벽부터 투어를 떠나 숙소에서는 밤에 잠만 잤다. 그래서 떠나는 날 아침에야 처음으로 식당을 구경하게 되었다.

식당의 한편에 특이한 전시품이 있었다. '다리미 코너'였다. 다리미 수집이 취미인 그레이스는 옛날 석탄 다리미부터 가스 다리미까지 20여 점이 넘는 다리미를 진열해 놓았다. 영국에는 작은 박물관이 수두룩한데, 이 정도면 다리미박물관 하나는 차려도 될 성싶었다.

아침을 먹고 택시로 버스터미널로 가기로 했다. 호수지방 행 버스를 타기 위해서였다. 주인아저씨가 택시영업을 하니 그 택시를 이용했다. 따로 콜을 할 필요가 없어 편하다는 생각은 잠시뿐, 이해할 수 없는 상황이 벌어졌다.

문 앞에 세워둔 택시에 오르려고 하자 배웅하려고 나와있던 그레이스가 남편이 차를 돌려올 동안 잠깐 기다리라고 했다. 미리 타면 그만큼 요금이 올라간다는 것이었다. 주택가에서 차 돌리는 데 요금이 얼마나 더 나올까마는, 그래도 마음 써 주는 게 고마웠다. 그러나 기분 좋게 출발한 차는 교통체증이 심한 곳만 골라 다니는 것처럼 도로마다 막혔다. 요금이 계속해서 올라가자 아저씨는 목적지가 근처라며 내려서 걷는 게 낫겠다고 했다.

그러나 막상 내리고 보니 터미널은 근처가 아니라 엉뚱한 곳에 있었다. 택시를 탔던 시간보다 터미널을 찾아 헤맨 시간이 세 배는 더 걸렸다. 더 기가 막혔던 것은 호수지방 행 버스가 바로 그레이스네 집 앞의 버스정류장을 통과하는 것이었다. 게다가 3시간 이상을 달린 버스요금이 10분 탔던 택시요금보다 쌌다. 이 모든 상황을 내가 나쁜 쪽으로만 오해한 것인지 모르지만, 어쨌든 속은 것 같아 한동안 기분이 불쾌했다. 영국에서 이런 일이 생기다니……. 나는 아직도 그레이스네에서 겪은 일이 미스터리로 남아있다. 대체 그 부부는 왜 그랬을까?

## 이곳에서 놓치면 안 되는 볼거리

### 에든버러 성 Edinburgh Castle

"Under 26?"

에든버러 성 입구의 매표소 창구에 대고 내가 "Two Adults"라고 소리치자, 청년인 듯한 직원이 농담인지 진담인지 던졌던 말이다.

에든버러 성은 화산암 위에 우뚝 솟아있다. 스코틀랜드 왕국의 가장 중요한 요새로서, 14세기의 스코틀랜드 독립전쟁부터 1745년 재커바이트 항거 Jacobite Rising에 이르기까지 에든버러 성은 역사적 분쟁의 한가운데 있었다.

17세기 후 군사기지로 이용되었다가 19세기 이후부터 중요한 역사적 기념물로 인식되었다. 여러 차례 복원 작업을 거쳐 현재는 스

에든버러 성

코틀랜드 최고의 관광명소로 자리잡았고, 해마다 많은 관광객들의 발길이 끊이지 않는다.

에든버러 성은 문에 의해 세 개의 안뜰wards로 나뉘는데, 각각 **Lower, Middle, Upper ward**로 불린다. 성 하나가 웬만한 마을 규모이고, 한 바퀴 돌아보는 데 서둘러도 반나절은 족히 걸린다. 종종 성에서 막 결혼식을 끝낸 신혼부부들의 모습을 볼 수 있다.

## 그레이 라인Gray Line으로 스코틀랜드 북부고지까지

그레이 라인 버스를 타고 네스 호수와 스코틀랜드 북부고지 1일 투어를 했다.

아침 8시에 에든버러를 출발해 먼저 스털링Sterling으로 향했다. 스털링 성을 구경한 후 잉글랜드를 무찌르고 스코틀랜드 독립을 쟁취한 월리스Wallace 기념비를 보고, 좀 더 북쪽으로 올라가면 성채의 도시 포트 윌리엄Fort William이 있다.

굵직한 두 도시를 거치고 났더니 어느새 오전 시간이 거의 다 지났다. 크루즈에 오르기 전에 핫도그와 티로 점심을 간단히 해결했다. 오후 일정은 칼레도니아 운하Caledonian Canal를 따라 내려가는 네스 호 크루즈로 시작된다. 네스 호는 길이 45킬로미터의 좁고 긴 호수로, 호수 양쪽에 인버네스Inverness와 포트 오거스터스Fort Augustus가 있다. 크루즈를 탄 후에 하일랜드 수도인 인버네스를 들러 다시 남쪽으로 내려갔다. 빅토리아풍 리조트타운 피틀로츠리Pitlochry를 거쳐 조용하고 아름다운 하일랜드의 현관이라 할 수 있는 퍼스Perth를 마지막으로 12시간짜리 여행이 끝났다.

대단한 역사적 유적지를 둘러보는 코스는 아니지만 북쪽으로 올라갈수록 높아지는 울창한 숲과 맑고 푸른 호수, 시시각각으로 달라지는 변덕스런 스코틀랜드 날씨가 마치 한편의 풍경영화를 감상하는 듯 잔잔한 여운을 남겼다. 돌아오는 버스 안에서 들려주는 적당히 느슨하고 감미로운 음악도 하일랜드 여행 추억에 한몫했다.

투어 비용은 1인당 38파운드에 크루즈 10파운드는 별도다. 48파운드(대략 8만 3,000원)로 스코틀랜드 일주를 하는 셈이다. 예약은 직접 여행안내소에서 하거나 호텔, 숙소에서 하면 된다.

# Cardiff, Wales, United Kingdom

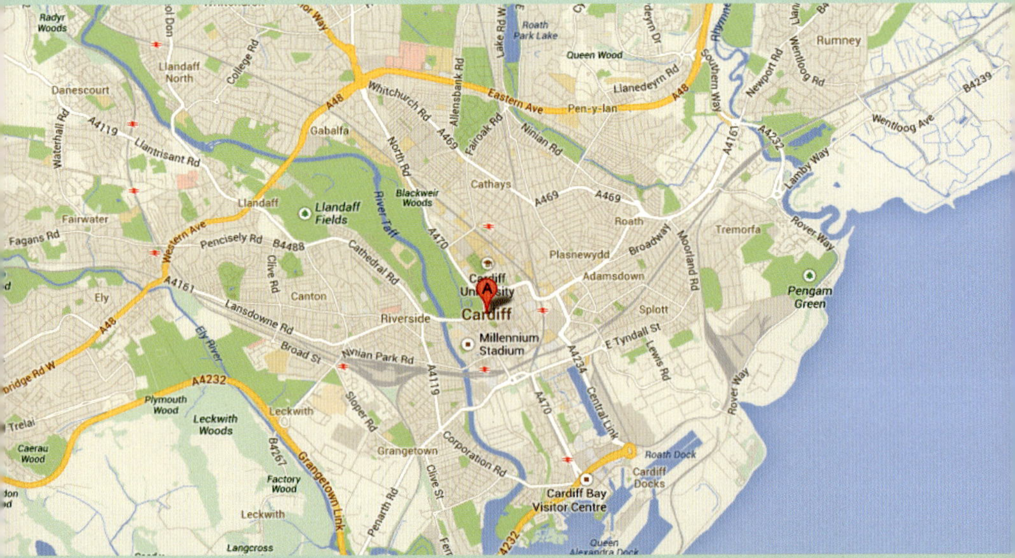

# 2000년의 역사를 거슬러 올라가다
## _카디프 게스트하우스

카디프<sup>Cardiff</sup>역 광장에는 빨간 꽃바구니들이 주렁주렁 매달려 있었다. 의외의 풍경에 기분이 환해졌다.

"잘 왔다, 이 도시에."

택시를 타고 곧장 비앤비 거리를 찾아갔다. 기사가 내려준 성당 길 Cathedral Road에는 양옆으로 비앤비와 게스트하우스 간판이 즐비하게 붙어있었다. 길가에 가로수가 우거져 있어 도로변이라도 크게 시끄럽지 않고 쾌적했다. 시내버스 정거장도 있었다. 빅토리아풍의 오래된 건물들은 우아하고 고풍스러웠다. 그러나 여기도 개발붐은 피할 수 없는 듯 완전히 허물고 새로 짓는 높은 건물들이 여기저기 눈에 보였다. 다음에 다시 온다면 거리 모습이 많이 변해있을 것 같았다.

영국은 특히 오래된 것일수록 귀하게 여겨 웬만하면 외형은 그대로 두고 내부만 리모델링하는데, 이곳의 상황은 좀 의외였다.

'Vacancies' 팻말이 붙어있는 집이 제법 많았다. 현관 벨을 눌러도 인기척이 없는 집도 있었고, 어떤 집은 방이 맘에 들지 않았다. 이제 방 구하는 데는 이력이 붙어 불안감보다는 오히려 이 집 저 집 구경하는 재미가 쏠쏠했다. 발품을 좀 팔더라도 마음에 드는 집을 구하고 싶었다. 또 여행가방 들고 오르내리기 힘들다며 2층 이상은 피하라는 조언을 듣기도 해서 이런저런 조건을 따지면서 꽤 여러 집을 방문했다. 마침내 마음에 차는 집을 찾아냈다.

## 지나친 격식과 품위에 어쩔 줄 모르다

웨일스의 카디프 게스트하우스는 다른 집들에 비해 숙박비가 좀 더 비싸고 인도계로 보이는 주인 남자의 깐깐하고 권위적인 태도가 맘에 거슬렸지만, 방이 깨끗하고 전망이 좋아 그냥 묵기로 했다.

방값을 치르고 2층 방으로 올라갔더니, 먼지 하나 없이 깨끗하게

청소되어 있었다. 주인이 옥색을 좋아하는 듯 벽지며 가구가 모두 옥색이었다. 무엇보다 게스트하우스치고는 화면이 큰 TV가 있어서 마음에 들었다. 덕분에 이틀간 BBC방송을 잘 시청할 수 있었다.

다음날 아침식사를 하러 식당에 내려갔다. 전날 주인이 빅토리

빅토리아풍의 식당

아풍이라고 자랑했던 식당은 고급스럽고 우아한 식탁에서부터 가구, 전등, 촛대, 식기류까지 자랑할 만했다. 식사 내용도 충실했다. 식사하기 전에 갖가지 과일을 잘라 유리그릇에 담아 내온 후르츠볼 하나만으로도 배가 부를 정도였다. 그래서 그 다음날 아침엔 미리 반 그릇만 달라고 부탁했다. 처음 만난 안주인 역시 남편 못지않게 옷차림이나 말씨, 행동거지에서 격식을 차리는 게 느껴졌다.

셋째 날 안주인이 큰 접시를 식탁 위에 내려놓다가 실수로 나이프를 떨어뜨렸다. 그녀는 몹시 당황해하며 미안하다는 말을 여러 번 했다. 그래도 자존심이 상하는지 생전 이런 실수를 안 하는데 죄송하다고 필요 없는 변명까지 덧붙이며 품위를 잃지 않으려고 애썼다. 이들 부부 곁에는 항상 인도인으로 보이는 종업원이 옆에서 잔심부름을 했는데, 그를 하인 부리듯 해서 지켜보는 게 민망할 정도였다.

카디프 게스트하우스에서는 특별히 정원투어를 할 기회가 있었다. 하루는 지나칠 때마다 사람들이 줄 서 있어 틀림없이 맛있는 집일 거라고 점찍어 둔 빵집에 들렀다. 늦지 않은 시간인데도 빵집의 진열장이 거의 비어있었다. 도넛과 페이스트리 몇 개를 사가지고 숙소로 돌아왔다. 나는 간식 겸 저녁으로 부드럽고 입에서 살살 녹는 웨일스 빵을 실컷 먹었다.

소화도 시킬 겸 해서 주인집 정원을 구경하러 갔다. 현관을 나와 담 옆 골목으로 들어가 앞마당으로 통하는 철문을 열쇠로 열었다. 이곳에 온 첫날 꼼꼼한 주인은 정원까지 안내하면서 정원 열쇠를 건네주었다.

비앤비나 게스트하우스는 호텔과 달라 정원을 가족만 이용하는 개인공간private space으로 여겨 손님이 사용하는 것을 꺼려하는 집도 있다. 마당에 있는 정원도 아름다웠지만 저녁이라 차가운 바깥공기보다는 따스한 온실 안이 더 구미가 당겼다. 온실에는 탁자와 의자도 있어 앉아서 쉬기도 좋았다. 온실 유리창으로 나는 바깥의 낮은 담너머로 저물어가는 웨일스의 저녁하늘을 두 눈에 담았다.

### 책마을, 헤이 온 와이에 가다

카디프를 떠나며 나는 좀 더 여유있는 슬로라이프 여행의 환상을 지우지 못하고 책마을을 생각했다. 웨일스의 카디프에서 60마일 떨어진 세계적인 책마을 헤이 온 와이Hay-on-Wye에 가는 길은 만만치 않았다. 일단 책마을로 가기에 가장 가깝고 편리한 도시 첼튼엄Cheltenham을 거점도시로 삼고 찾아가기로 했다. 그러나 첼튼엄에서도 헤이 온 와이에 가려면 버스를 세 번이나 갈아타야 했다.

버스가 도시를 벗어나 한적한 길로 들어서자, 여기저기서 양들이 풀을 뜯는 모습이 눈에 들어왔다. 평일이라 그런지 헤이 온 와이가 가까워질수록 버스 안은 한산해졌다. 10명 남짓 탔는데, 나를 빼고는

거의 무임승차한 노인들이었다. 버스는 어르신들 속도에 맞추기라도 하는 듯, 천천히 시골길을 달렸다. 버스는 12시 30분에 헤이 온 와이에 도착했다. 아침

헤이 온 와이 전경

7시에 출발했으니 5시간 반 만에 도착한 셈이었다.

여행안내소를 찾아간 나는 중심가에서 도보로 10분 거리에 있는 욕실과 정원이 딸린 비앤비를 소개해 달라고 부탁했다. 온화한 인상의 할머니 직원이 두세 군데 전화를 걸어보더니 메리네 비앤비<sup>Mary's B&B</sup>를 소개해주었다. 지도에 비앤비 위치를 크게 표시해주고도 안심이 안 되는지 문까지 따라 나와서 손가락으로 방향을 알려주었다.

외길 도로인 작은 시골이라 메리네 비앤비는 쉽게 찾을 수 있었다. 기다리고 있던 안주인 메리는 식당과 방을 안내해주더니 일을 하러 가야 한다며 급히 뛰어나갔다. 은행에서 근무하는데 연락을 받고 잠시 짬을 내어 나왔다고 했다. 집에 혼자 남은 나는 천천히 집 안을 둘러보았다. 실내는 수리한 지 얼마 안 되었는지, 대개의 낡은 영국 집과 달리 시설이 모두 현대식이었다. 다만 안내소에서 들은 것과 달리 제대로 된 정원이 없는 점은 많이 아쉬웠다.

방 안은 온통 보라색으로 꾸며져 있었다. 커튼, 침대 시트, 스탠드, 심지어 의자 위에 걸쳐놓은 무릎담요까지 보라색이었다. 집 안의 전체적인 색조가 보라색이었는데, 안주인의 취향을 단번에 알 수 있었다. 그리고 책마을의 게스트하우스답게 화장대와 복도 등 집 안 곳곳에 책이 놓여있었다. 점심때를 훌쩍 넘긴 시간이어서 나는 식당에 있는 사과와 비스킷, 커피로 간단히 요기를 하고, 곧바로 마을 산책에 나섰다.

### 희귀 도서를 파는 Rose's Books

책마을에 온 만큼 먼저 책방에 가보기로 했다. 이곳은 책마을이라

는 이름에 걸맞게 두서
너 집 건너 한 집이 헌
책방이었다. 그중에 진
열장이 눈에 띄게 예쁜
책방 'Rose's Books'
로 들어갔다.
1982년에 문을 연
Rose's Books는 희귀

Rose's Books

도서와 출판된 지 오래된 어린이책 전문서점이었다. 영국의 티타임
시간이 3시경인데, 마침 주인인 듯한 여자가 차를 마시고 있었다. 나
는 영국에서 가장 유명한 동화작가가 누구냐고 물었다. 그녀는《피
터 래빗Peter Rabbit》의 작가 베아트릭스 포터Beatrix Potter라며 한쪽 선반을
손가락으로 가리켰다. 그곳에는 포터의 동화책들이 가득 꽂혀 있었
다. 몇 권을 골라서 두 권은 숙소에서 읽기 위해 빼놓고, 나머지는 한
국에 소포로 보내 달라고 부탁했다. 영국은 우편요금이 비싼 편이라
소포비가 책값만큼 든다. 하지만 긴 여행길에 무거운 책들을 끌고 다
닐 수는 없는 노릇이었다. 이럴 때 팁을 하나 주자면, 영국 우체국에
서 소포를 보내려면 규정이 까다롭고 절차가 복잡하다. 하지만 서점
에서는 책값에 소포비만 추가해서 주고 보낼 주소만 불러주면 끝이
다. 게다가 우체국보다 훨씬 빨리 도착해 2주 정도면 받아볼 수 있다.
　서점 구경은 다음날부터 본격적으로 하기로 하고, 첫날이니 만큼
나머지 시간은 시가지를 한 바퀴 돌아보았다. 마을 한복판에 시계탑
이 있는데, 그 주위로 작은 갤러리와 옷집, 골동품가게 등이 오밀조

밀하게 모여있었다. 외곽에는 호텔과 비앤비 등의 숙소들이 있는데, 책방 개수만큼은 되어 보였다. 5시가 가까워지자 상점들이 하나둘씩 문을 닫기 시작했다. 나도 저녁으로 먹을 빵과 비스킷을 사들고 메리네로 돌아왔다. 서서히 저물어가는 먼 산을 바라보며 이른 저녁을 먹고 포터의《톰 키튼 이야기<sup>The Tale of Tom Kitten</sup>》를 읽다 잠이 들었다.

## 여행정보가 모인 책방 Hay2Go Travel Bookshop

다음날 아침에는 주스, 토스트, 베이컨, 소시지, 버섯, 영국차 등 비앤비의 정통 식사를 느긋하게 즐겼다. 메리는 시내 구경을 갈 거라면 와이강<sup>Wye River</sup>을 끼고 있는 숲속 산책로로 가라고 추천했다. 경치도 좋고 숲길이라 무척 쾌적하다고 했다. 느긋하게 숙소를 나와 메리가

헤이 온 와이 서점 간판들

가르쳐준 길로 20여 분 여유를 부리며 걸었더니, 헤이교가 나타났다. 헤이교에서 찻길로 올라섰더니 어제 보았던 시계탑과 서점가가 눈에 들어왔다.

헤이 온 와이에는 헌책방만 30여 개가 있다. 이틀 일정으로 그곳을 다 방문한다는 것은 무리였다. 그래서 가이드북에 나와 있는 서점 중에서 재미있는 주제 몇 개를 골라 들르기로 맘먹었다.

어느 서점부터 들어갈까를 고민하며 시계탑에서 언덕을 올려다봤다. 'Hay2Go Travel Bookshop'이라는 간판이 제일 먼저 눈에 들어왔다. 나 같은 여행자가 꼭 들러야 하는 책방이라고 생각하며 안으로 들어섰다. 미모의 주인아줌마가 미소를 지으며 맞아주었다. 손님이 별로 없어 책마을에 대한 정보도 얻을 겸 먼저 내 소개를 하고, 가게 안을 둘러보기 시작했다. 작은 공간이지만 전 세계의 여행정보가 모두 모여있는 곳 같았다. 그 순간 주인아줌마가 너무 부러워졌다.

"이 안에만 있어도 세계를 여행하는 것 같겠어요? 이 중에서 가장 좋은 여행지는 어디였나요?"

서점 주인은 조금도 주저하지 않고 카운터 옆 선반 위에 있던 수첩만 한 작은 책을 집어 건네며 말했다.

"난 이 책으로 여행하는 게 제일 편하고 재미있어요."

표지에 《Wanderlust》라고 쓰여 있었다. 책장을 넘겨보니 뛰어난 풍경 사진이 있는 것은 아니고 일상의 스냅 사진을 모아 놓은 것 같은 사진첩이었다. 조금 의외여서 어떤 책인지 나도 호기심이 생겼다. 책값이 얼마냐고 물었더니 선물로 주겠다며 봉투에 담아주었다. 이런 횡재라니! 한쪽에는 여행전문 서점답게 각종 지도가 수북이 쌓여 있었다. 갑자기 남편이 생각났다. 지도 한 장만 있어도 하루가 심심하지 않다는 사람이 이 많은 지도들을 본다면 과연 어떤 표정을 지을까?

나는 여행전문 책방에 들어왔으니 특이한 여행책 하나는 사야 하지 않을까 싶어 서가를 꼼꼼히 살폈다. 내 눈에 《Travellers' Tales from Heaven and Hell》이라는 책이 들어왔다. 항공사 승무원이 쓴 책이었는데, 제목이 흥미로워서 바로 계산대로 가지고 갔다. 책방 주인이 푸근하게 생긴 중년 여성과 계산을 하고 있었다. 주인은 일주일에 한 번씩 계란을 가져다주는 'egg lady'라고 그녀를 소개했다. 이집 계란이 싱싱하고 좋아 근방 사람들이 대부분 대놓고 먹는다고 장황한 설명까지 덧붙였다. 영국 같은 나라에서 아직도 집에서 닭을 키워 계란을 내다 파는 사람이 있다니 신기했다. 그런 좋은 달걀을 대놓고 먹다니 부럽다고 했더니, "그럼 당신도 이사 와요"라며 웃었다.

책값을 지불하면서 헌책 마을에 대한 책을 쓰고 싶다고 했더니 그녀가 반갑다는 듯 말했다.

"그럼 다른 책방도 소개해줄까요?"

"저야 감사하죠."

대답이 채 끝나기도 전에 벌써 주인은 'The Sensible Bookshop'이라는 옆 책방에 전화를 걸고 있었다. 책도 공짜로 선물받고, 옆 책방까지 소개받은 친절에 감동한 나는 이렇게 외쳤다.

"Thanks a million!"

## 책값이 싼 The Sensible Bookshop

한 미남이 'The Sensible Bookshop' 입구에서 담배를 피우고 있었다. 그 앞에 내가 나타나자 대뜸 아는 체를 해왔다.

"Photographer? Writer?"

아마 Travel Bookshop의 주인이 책을 쓰고 싶다는 내 말을 듣고 아예

The Sensible Bookshop

Garden Bookseller

작가라고 소개한 모양이다. 그 미남은 나를 안쪽으로 안내하며 자신을 폴Paul이라고 소개했다. 나는 책방 이름이 특이하다면서 'sensible'의 의미가 뭐냐고 물었다. 싱겁게도 폴은 "책값이 싸다는 뜻일 뿐 별다른 의미는 없어요"라며 웃었다. 간판을 다시 자세히 봤더니 아래쪽에 이런 글귀가 쓰여 있었다.

'All books 2.00 each less(모든 책은 2파운드 미만).'

정말로 싸게 책을 파는 곳임을 확인할 수 있었다.

폴은 헤이 온 와이에 대해 책을 쓰고 싶다면 헤이의 이야기꾼 로버트 솔다트Robert Soldat의《A Walk around Hay》라는 책을 참고하라며 선물로 주었다. 게다가 필요하다면 로버트도 만날 수 있게 해주겠단다. 고마운 마음에《Around the World in a bad mood》와《When the Green Woods laughs》를 구입했다. 물론 sensible한 가격으로!

Sensible Bookshop에서 나와 찻길을 건넜더니 길 옆에 아담한 가정집 정원이 눈에 들어왔다. 카페인가 싶어 간판을 찾으니 담 한쪽 아이비 덩굴 옆에 서가가 놓여있었다. Garden Bookseller였다. 정원에 놓인 서가를 보고 나는 정원에 관한 책들을 판매하는 서점인가 보다고 짐작했다. 들어섰더니, 과연 자연과 식물, 정원 가꾸기 등에 대한 화사한 표지의 책들이 아기자기하게 진열되어 있었다. 엄청난 책의 종류와 분량을 보면서 영국 사람들의 정원 사랑을 짐작할 수 있었다.

## 도서관만큼 넓은 Hay Cinema Bookshop

HCB는 건물이나 규모가 웬만한 도서관 크기였다. 서점 이름을 보고 영화관련 서적을 취급하는 곳이려니 했는데, 예상이 빗나갔다. 예전에 영화관이 있던 자리여서 이름을 그렇게 붙였을 뿐이고, 일반적인 책들을 판매하고 있었다. 널찍한 앞마당에는 천막을 쳐놓았는데, 시골 서커스 공연장이 연상되었다. 물론 천막 안에도 사방에 책꽂이들이 있고, 책들이 빽빽이 꽂혀있었다.

반나절을 걸어 다녔더니 목도 마르고 피곤했다. 다리도 쉬고 차도 한 잔 할 겸 카페를 찾고 있는데, 어디선가 'Yesterday' 노래가 들려왔다. 나는 음악소리가 들리는 쪽으로 발걸음을 옮겼다.

헤이 성 앞의 작은 광장 한쪽에서 왜소하고 초라해 보이는 노인이 앰프에서 나오는 'Yesterday'에 맞추어 아코디언을 연주하고 있었다. 그 광장 맞은편의 나지막한 언덕배기에 야외 카페가 보였다. 그곳은 멀리서 봐도 책마을 헤이의 분위기를 강하게 풍기고 있었다. 조금 전에 산 것으로 보이는 헌책을 넘기며 커피를 마시는 사람들, 노트에 무언가를 열심히 메모하는 사람들의 모습이 하나의 엽서 그림을 보는 듯했다. 나도 얼른 테이블 하나를 차지하고 앉았다. 그리고 커피를 앞에 두고 헤이의 고즈넉한 분위기에 동참했다. 최면에 걸린 듯

Hay Cinema Bookshop

몽롱한 기분에 빠져 있는데, 어렴풋이 말소리가 들렸다.

"여기 앉아도 될까요?"

정신을 차리고 올려다보니 한 중년 신사가 카푸치노 잔을 들고 서 있었다.

"물론이죠."

의자에 앉자마자 그 남자는 찻잔을 앞에 두고 작은 노트에 깨알 같은 글씨로 열심히 뭔가를 써 내려갔다. 가끔씩 고개를 들어 광장을 바라보았다가 또 다시 글쓰기에 열중했다. 방해되지 않게 기다리고 있다가, 연필을 놓는 틈을 타 조심스레 작가냐고 물었다. 그는 의미심장한 미소를 짓더니 천천히 대답했다.

"I'm a second-hand book writer."

처음 들어보는 생소한 직업이었다. 도대체 영국이라는 나라는 헌책 문화가 얼마나 발달되어 있기에 '헌책작가'라는 직업이 다 있을까? 그는 런던에 살고 있는데 이 근처에 별장이 있어 가끔 헤이에 들른다고 했다. 여유로운 그의 배경과 그런 멋진 직업을 만들어낸 영국의 문화 수준이 마냥 부러웠다.

나는 헌책작가란 직업이 궁금해져서 나중에 정보를 찾아보았다. 헌책작가는 말 그대로 헌책으로 글을 쓰는 작가였다. 그들은 헌책 속에 쓰여 있는 낙서와 메모, 편지, 책 내용 등 작가가 직접 경험하지 않고 간접적으로 얻은 소재와 정보로 글을 썼다. 영국은 전 세계의 헌책들이 다 모이는 곳이기 때문에 이런 직업이 가능하다고 했다.

영국을 여행하다 보면 오랜 역사와 전통으로 이루어진 독특한 역사와 문화유산이 많다. 그 가운데서 내가 가장 감동적이었던 것은 영국의 정원과 어디서나 볼 수 있는 국민들의 책 읽는 모습이었다. 그것도 얄팍한 두께의 가벼운 책이 아니라 전문서적만큼 두툼하고 손때가 묻은 낡은 책을 읽고 있는 젊은이들, 공원이나 바닷가 벤치에 앉아 잡지를 읽는 할머니들, 책방 주인과 신간서적 이야기를 나누고 있는 사람들의 모습은 그 어떤 수려한 풍경보다 아름답고 감동적이었다.

## 책마을 신화의 주인공, Richard Booth's Bookshop

오늘날의 책마을 헤이를 이루어낸 신화적인 주인공이 있는데, 바로 리처드 부스Richard Booth다. 카페를 나온 나는 그의 책방으로 발길을 잡았다. 1961년, 부스는 이 무명의 작은 시골 마을에 최초의 헌책방을 열고, 자신을 '헤이의 왕'이라고 선언했다. 실제로 한때 헤이 성의 주인이었던 부스는 이곳을 세계 최고의 북타운으로 만들기 위한 꿈을 실현해 나갔다. 보잘것없던 시골이 오늘날 세계 최고의 책마을로 성장하게 된 것은 부스의 꾸준한 노력 덕분이었다.

'Richard Booth's Bookshop'은 '헤이의 왕'이 소유했던 책방답게 그 규모가 엄청나서 책방이라기보다는 책공장이라는 말이 더 어

Booth's Bookshop

Hay Castle books

울릴 듯했다. 그런데 안타깝게도 'Booth's BookShop'은 지금 미국 사람으로 주인이 바뀌었다. 일흔이 넘은 부스가 얼마 전에 중풍으로 쓰러졌기 때문인데, 지금은 회복 중이라고 했다.

한편, 부스가 소유하고 있는 헤이 성 안의 'Hay Castle Books'는 성 안쪽 책방보다 성 입구에 작게 쓰여 있는 'Honesty Bookshop'이라는 간판에 더 시선이 갔다. Honesty Bookshop은 성의 뜰에 있는 책꽂이에서 책을 고른 후 표지판에 적혀있는 책값을 서가 옆의 빨간 상자 안에 양심껏 넣는 서점이다. 일종의 도서 무인 판매대인 셈이다.

## Murder and Mayhem & the Poetry Bookshop

이번에는 무시무시한 이름을 가진 'Murder and Mayhem'이라는 책방에 들어갔다. 책방 이름에 걸맞게 장난감 총과 살인범들의 사진, 각종 범죄에 이용되는 소품들이 곳곳에 장식되어 있었다. 그런데 그런 책방 분위기와 전혀 어울리지 않게 귀엽게 생긴 미소년이 카운터에 앉아있었다. 여기 책들이 모두 살인에 관한 것이냐고 물었더니 "대부분이 그렇죠"라며 조용히 웃었다.

나는 남편에게 줄 선물로 아가사 크리스티<sup>Agatha Christie</sup>의 책을 한 권 사고 싶었다. 미소년에게 그녀의 재미있는 책을 하나 추천해 달라고 했더니 자기는 아는 게 별로 없다면서 멋쩍은 웃음을 지었다. 나이로 짐작컨대 그 소년이 아가사 크리스티를 모르는 것은 어쩌면 당연한 일일지도 모르겠다. 그래서 재고가 가장 많은 《Parker Pyne Investigate》를 골랐다. 한쪽에는 '셜록 홈즈<sup>Sherlock Holmes</sup>' 코너도 따로 있었다.

마지막으로 들른 곳은 큰길에서 벗어나 약간 외진 곳에 자리 잡고 있는 시집전문 책방 'Pb^{the Poetry Bookshop}'였다. 책방 문을 밀자 딸랑딸랑 종소리가 울렸다. 그 소리를 듣고 2층에서 직원이 천천히 내려왔다. 조용한 실내에 손님이라곤 나 혼자였다. 어색하고 멋쩍은 느낌이 들어 내가 먼저 침묵을 깼다.

"시는 현지인들도 어려울 텐데, 외국인인 제가 읽을 수 있을까요?"

"어린이 시집은 쉬울 거예요. 읽을 만하니 천천히 골라보세요."

나는 어린이 시집 코너에서 몇 권을 골라 창가에 놓인 의자에서 차근차근 차례를 살펴보았다. 직원의 말대로 어휘가 쉬워서 어렵지 않았다. 나는 그중에서 옥스퍼드출판사에서 나온《Barley Barley》라는 시집 한 권을 샀다. 글자 크기도 적당하고 내용도 교육적이었다. 어쩌면 수업 시간에 교재로 사용해도 좋을 것 같았다.

밖으로 나왔더니 거리가 한산했다. 세상을 두고 떠나오기라도 한 듯 이곳의 하루는 조용하고 여유롭게 흘러갔다. 그래서 더 평화롭게 느껴졌는지 모른다. 나는 요즘도 사는 게 번잡하게 느껴질 때 평화로운 헤이 온 와이를 떠올리곤 한다.

헤이 온 와이 전경

### 카디프 중앙시장Cardiff Central Market

　카디프 중앙시장은 우리나라 중앙시장 같은 재래시장이다. 1층 입구에 들어서자 맨 먼저 구두수선가게가 있었다. 가게 앞에 세워 놓은 수선가격표를 보니 사이즈에 따라 수선비가 조금씩 차이가 났다. 그럼 새 구두를 살 때도 크기에 따라 가격이 다를까 궁금했다. 합리적인 것도 같지만, 한편으로 너무 좀스러운 게 아닌가 싶기도 했다.

카디프 중앙시장의 구두수선가게

　그 옆은 열쇠가게였다. 예쁜 그림이 있는 열쇠들이 고리에 매달려있었다. 전자식이나 번호키를 많이 사용하는 우리나라와 달리 유럽은 아직도 고급호텔이나 사무실을 제외하고는 대부분 옛날식 열쇠를 그대로 사용하고 있다. 특히 가정집에서는 더더욱 그렇다. 그래서 이곳 웨일스에서 열쇠가게는 대단히 중요하다.

향긋한 냄새가 풍겨 시선을 돌려 보니 바구니에 각종 과일을 풍성하게 담아놓은 과일가게가 중앙에서 빛을 발하고 있었다. 과일가게 옆 빵가게에는 먹음직스런 빵들이 차곡차곡 쌓여있었고, 상가 맨 끝에는 어물전이 있었다.

카디프 중앙시장의 LP점

2층으로 올라갔다. 먹을거리가 많아 활기찬 1층에 비해 2층은 침침하고 빈 가게도 더러 보여 썰렁했다. 가장 눈에 띄는 곳이 LP점이었다. 아바Abba, 비치 보이스The Beach Boys, 카펜터스Carpenters 등 대학시절에 즐겨 들었던 가수들의 앨범이 맨 앞줄에 나란히 진열되어 있었다. 마이클 잭슨Michael Jackson은 코너가 따로 만들어져 있었다. 옛것을 좋아하는 영국인들의 취향이 그대로 드러나는 공간이었다.

### 카디프 성Cardiff Castle

2,000년 이상의 역사를 자랑하는 카디프 성은 안으로 들어가면 우뚝 솟은 시계탑이 먼저 눈에 띈다. 큰 시계 위에 다양한 색깔과 아기자기한 그림을 그려 장식한 탑은 자칫 칙칙하고 위압적으로 보일 수 있는 고성의 분위기를 밝고 편안하게 해준다.

한때 이 성에서는 로마 병사들이 잠을 자기도 했고 귀족들이 알현식을 거행하기도 했다. 그 후 막대한 부와 명성을 쌓은 뷰트Bute 가문이 여기서 부귀영화를 누리며 살았다. 건축의 귀재 윌리엄 버제스William Burges에게 재료를 아낌없이 사용하게 하고 실내장식에 관한 한

카디프 성

무한한 권한을 주었다고 한다. 그는 방마다 크고 화려한 벽화를 그리게 했고, 12세기 교회에 주로 사용한 스테인드글라스stained glass와 도금 장식으로 솜씨를 마음껏 발휘했다.

　현란한 그림과 장식이 넘치는 이 성에서 개인적으로 내가 가장 마음에 들었던 공간은 서재였다. 고급 장정의 책들이 적당한 여유 공간을 두고 천장 높이까지 꽂혀있었다. 책꽂이 옆에는 높은 데 있는 책을 꺼내볼 때 사용하도록 모양 좋은 목재 사다리가 세워져 있었다. 뷰트 가문이 실제로 이 책들을 다 읽었는지 장식용이었는지 알 수 없지만 내면까지 치장하려고 애쓴 흔적을 보는 것 같아 마음이 흐뭇했다. 작지만 호화로운 이 성은 오늘날 결혼식장과 연회장으로 사용되고 있다.

카디프 성의 스테인드글라스

성 구경을 마치고 정원 벤치에 앉아 사과를 한 입 베어 물었다. 어느새 달콤한 냄새를 맡은 벌들이 달려들었다. 나는 성가신 꼬마 녀석들과 한동안 실랑이를 벌여야 했다. 영국은 꽃이 많아서인지 어딜 가나 벌들이 많다. 특히 야외에서 즙이 많은 사과나 오렌지를 먹거나, 단내 나는 쨈 병을 열면 어김없이 벌들이 날아왔다. 그래도 유난히 동식물을 사랑하는 영국인들의 진심을 알아서인지 사람들에게 해를 끼치지는 않는 것 같았다.

### 밀레니엄 스테디엄Millennium Stadium

카디프 성 앞 정류장에서 탄 시내버스는 시내를 통과해 변두리 주택가를 한 바퀴 돌아 밀레니엄 광장 앞에 섰다. 먼저 부둣가를 천천히 걸었다. 시내 구시가지와 달리 이곳은 강을 따라 밀레니엄과 딱 어울리는 세련된 디자인의 현대식 건물들이 들어서 있어 도시의 미관이 한층 더 밝았다.

밀레니엄 스테디엄에는 공연장과 카페, 상점들이 들어서 있다. 밀레니엄센터 오페라하우스Wales Millennium Center Opera House에서는 '사운드 오브 뮤직Sound of Music'이 공연 중이어서 마리아가 벌판에서 두 팔을 활짝 벌리고 도레미 송을 노래하는 포스터가 걸려있었다. 웨일스의 이미지와 참 잘 어울렸다. 스테디엄 광장에는 그날 밤 공연이 있는지 젊은이들이 음향시설과 무대장치를 손보느라 분주했다.

밀레니엄 스테디엄

# Garmisch-Partenkirchen, Bavaria, Deutschland

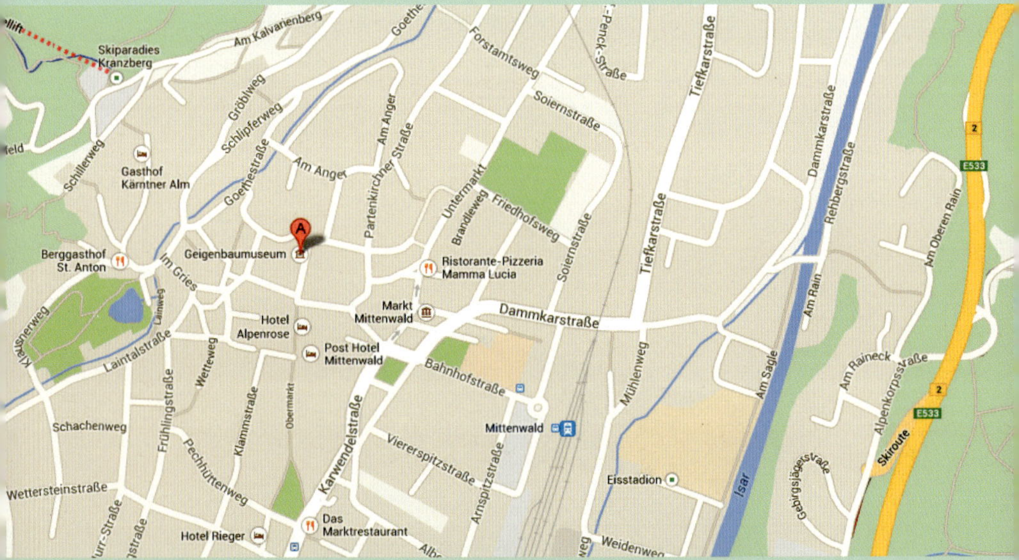

# 알프스에서 별밤지기가 되다
## _독일 민박 짐머

영국 민박 비앤비의 매력에 빠져서인지 나는 늘 외국 현지 민박에 대한 로망이 있었다. 굳이 영국에서 비싼 프랑크푸르트<sup>Frankfurt</sup> 행 비행기 값을 들여가면서 독일을 방문한 것도 독일 시골 민박 짐머<sup>Zimmer</sup>를 경험하고 싶어서였다.

2008년 혼자서 기차를 타고 프랑크푸르트에서 뮌헨에 도착해 하룻밤을 자고 다음날 완행열차를 타고 알프스<sup>Alps</sup> 산자락에 있는 작은 도시 미텐발트<sup>Mittenwald</sup>로 갔다. 여행안내소에서 방을 소개받아 겉모습이 그럴듯한 짐머에 머물렀는데, 사방이 막히고 실내가 침침해 침대 위에서 알프스 산을 보겠다던 희망은 산산조각이 나 버렸다. 다음날 상상 속의 짐머를 찾아 기차를 타고 인접한 또 다른 시골 가르

미텐발트 전경

미슈파르텐키르헨
Garmisch-Partenkirchen 을
찾았다. 가르미슈
파르텐키르헨은 기
차역을 중심으로
상가와 레스토랑이
모여있는 가르미슈
와, 냇물을 따라 주
택가가 쭉 늘어서 있는 파르텐키르헨으로 나뉘어졌다.

기차역을 나오자 아기자기하면서도 고급스러운 거리 분위기가 마음에 들었다. 일단 걸으면서 동네 구경도 하고 예쁜 숙소도 구하기로 했다. 나는 가장 예쁘게 보이는 길을 따라 무작정 걸었다.

### 어렵게 만난 데비헤르 게스트하우스

얼마 후 근처 어딘가에서 졸졸졸 시냇물 흐르는 소리가 들렸다. 물소리를 배경으로 한여름의 상큼한 풀내음과 아침공기가 어우러져 환상의 하모니를 이루었다. 시냇물 소리에 취해 느릿느릿 걸으면서 집머 간판이 눈에 띄면 멈추어 현관 벨을 누르고 빈방이 있는지 물었다.

한여름 시즌이라 시골 변두리에서도 나를 기다리는 방을 만나기는 쉽지 않았다. 그래도 '숙소 헌팅' 자체가 색다른 여행이라 생각하고 이 집 저 집을 기웃거렸다. 그렇게 걷다 보니 거의 마을 끝에 다다랐다.

더 이상 갈 곳이 없어 뒤돌아서는데, 마침 고상한 할머니 한 분이 집 앞에 주차를 하고 계셨다. 반가운 표정으로 짐머를 물으니, 모퉁이를 돌아가면 빵집이 있는데 그 뒷집이 데비헤르 게스트하우스 Debicher Guesthouse라며 거기는 방이 있을 거라고 하셨다.

주택가 한가운데 있는 빵집 옆이라는 말에 마음이 동했다. 빵을 좋아하는 나는 'bakery'의 'b'자만 들어도 마음이 설레는 사람이다. 주위를 둘러보니 가정집 지붕 바로 아래 'Debicher'라는 간판이 보이기는 했다. 그런데 어떻게 된 일인지 입구를 찾을 수 없었다. 하는 수없이 빵집에 들어가 물어보기로 했다. 그런데 한가한 동네 빵집은 오전과 오후로 나누어 문을 여는 모양인지, '오후 12 : 30~18 : 00'라는 안내판이 잠긴 문에 걸려있었다.

몇 번을 왔다 갔다 하다가 용케 입구를 찾아냈다. 그런데 낮은 대문에 빗장이 채워져 있었다. 서성이다 지나가는 사람에게 어떻게 안으로 들어가느냐고 물으니, 손을 안으로 넣어 고리를 들어올리면 된다고 친절하게 알려주었다.

빗장 위로 손을 넣어 고리를 들어 올렸더니 문이 열렸다. 다시 원래 상태로 잠가놓고 돌계단을 내려가 마당에 들어섰다. 제법 넓은 뜰 뒤쪽에 벽난로용 장작이 가지런히 쌓여있었다. 깔끔하게 손질한 앞마당에는 갖가지 예쁜 꽃들이 단아하게 피어있었다.

한가하고 조용한 분위기에 압도되어 나도 모르게 발걸음이 조심스러워졌다. 벨을 찾아도 없길래 가볍게 문을 두드렸다. 한참

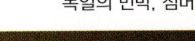
독일의 민박, 짐머

만에 독일 부인치고는 비교적 날씬한 몸매에 살림 잘하게 생긴 중년 아줌마가 나타났다.

방이 있느냐고 물었더니 싱글룸이 하나 있는데 욕실이 없다며 그래도 괜찮겠느냐고 물었다. 무슨 바쁜 일이 있는 모양인지 몹시 서두르는 기색이었다. 일단 오케이 하고 집 안으로 따라 들어갔다.

종종걸음으로 단숨에 3층까지 올라간 주인아줌마는 복도 한가운데 있는 방문을 활짝 열었다. 영화나 잡지에서 보던 지붕 밑 다락방이었다. 게다가 천장 한가운데 나 있는 별 창이 유난히 크게 클로즈업되면서 내 마음을 사로잡았다. 방값은 25유로(대략 45,000원), 솔직히 돈을 얼마 더 내더라도 꼭 한 번 묵어보고 싶은 그런 방이었다.

### 천장의 별 창이 내 마음을 빼앗다

횡재한 기분으로 좋다고 하자, 주인아줌마는 자기는 당장 외출할 일이 있다며 열쇠꾸러미를 건넸다. 함께 아래층으로 내려가 아줌마

앞에서 직접 현관문 열쇠를 열어보았다. 부드럽게 잘 맞았다. 내가 이제 됐다고 하자, 주인은 그대로 문을 열고 외출했다.

다시 방으로 올라와 주위를 찬찬히 살펴보았다. 깜찍하게 작은 방 안에는 세면대를 비롯해 일상에 필요한 원목가구들이 한치의 공간 낭비도 없이 효율적으로 잘 배치되어 있었다. 정말 독일다운 콤팩트 compact하면서도 퍼펙트perfect한 공간 활용이라는 생각이 들었다.

여기저기 예쁜 무늬의 천으로 만든 전등갓이며 방석쿠션 등 주인 아줌마의 알뜰한 살림솜씨는 일품이었다. 그중에서도 나를 가장 흥분시킨 것은 역시 천장에 나 있는 큰 별 창이었다. 의자를 놓고 올라가 창문을 열고 밖을 내다보았다. 알프스 산자락이 눈앞에 펼쳐지고 맑은 공기가 폐 깊숙이 들어왔다. 이대로 빨리 밤이 되었으면 좋겠다고 생각했다.

'오늘 밤에는 저 별 창으로 쏟아지는 수많은 별들을 헤아려야지. 내가 알프스의 별밤지기가 되는 거야.'

오후에는 시내에 나가 밥도 사먹고 상점도 기웃거리면서 한가한 시간을 보냈다. 시간은 빠르게 흘러 여름이라 해만 믿고 시계를 보지 않았더니 어느새 6시가 가까워져 있었다. 빵집 문 닫는 시간이 6시라고 했으니, 굶지 않으려면 서둘러야 했다. 거의 조깅 수준으로 10여 분을 달려 빵집에 들어섰더니 6시 3분 전이었다. 이미 진열장은 텅 비고 서너 가지의 파이와 케이크 몇 조각이 남아있었다. 식사로는 좀 부담스러웠지만, 그중에서 덜 달아 보이는 크림 크루아상과 애플파이, 커피를 사 들고 돌아왔다.

현관 문을 여느라 달그락거렸더니, 주인아줌마가 달려 나와 문을 열어주었다.

"All right?"

무슨 영문인지 몰랐지만 "All right"이라고 맞장구를 쳐주고 내 방으로 올라왔다.

별밤지기가 될 시간을 기다리면서 《프로방스에서의 일 년A Year in Provence by Peter Mayle》이라는 책을 펼쳤다. 여행 중 시간을 보낼 때 나는 여행서를 읽곤 했다. 언제나 여행지에 도착하면 먼저 숙소 근처 서점에 가서 여행 에세이를 한두 권 샀다. 여행지에서 야금야금 음미하며 읽는 여행기는 여행 중에 또 다른 여행지를 여행하는 느낌을 갖게 한다. 여행의 즐거움을 두 배로 만들 수 있는 나만의 노하우기도 하다.

드디어 기다리던 밤이 되었다. 연극 무대의 막을 올리듯, 떨리는 마음으로 조심조심 의자 위에 올라가 별 창을 열었다. 무수한 별들이 쏟아져 내렸다. 밤하늘은 현기증이 날 것처럼 아름다웠다. 잠시 호흡을 가다듬고 다시 하늘을 올려다보았다. 수많은 별들 중 여름밤에 가장 빛나는 백조자리 데네브Deneb를 찾았다. 제일 먼저 견우별 옆에 다이아몬드처럼 반짝이는 알비레오Albireo가 눈에 띄고, 사랑하는 연인과 헤어져 슬퍼하는 견우가 보이고, 좀 더 위로 올라가니 직녀성이 보였다. 세 개의 별자리를 이었더니 한 마리 우아한 백조가 날개를 펴고 천천히 날아오르고 있었다. 갑자기 '사운드 오브 뮤직'의 마리아가 생각나 두 팔을 크게 벌리고 하늘을 보았다. 어느새 별 창 사이로 알프스가 다가와 환하게 웃고 있었다.

가르미슈파르텐키르헨 전경

# 이곳에서 놓치면 안 되는 볼거리

## 미텐발트Mittenwald

　알프스 소녀 하이디가 살고 있는 동화마을을 꿈꾼다면 알프스 산자락 아래에 있는 독일 시골마을 미텐발트에 가보자. 미텐발트는 오스트리아 인스부르크Innsbruck와 잘츠부르크Salzburg, 스위스 취리히Zürich, 이탈리아 브레너Brennero 경계 바로 직전의 알프스 산자락에 위치해 있다. 아주 작은 기차역을 나와 몸을 한 바퀴 돌려 앞을 바라보면 거대한 알프스 산이 눈앞에 서 있을 것이다. 다시 몸을 45도 정도 돌려보면 산자락 아래에 그림엽서에 나올 법한 풍경이 펼쳐져 있다. 지붕 아래에 예쁜 꽃바구니를 주렁주렁 매달아 놓은 집들이 오밀조밀 모여있다.

　중심가로 들어가면 어린 시절 소풍 가서 넓은 잔디 위에 둥그렇게 둘러앉아 수건돌리기를 하던 대형처럼 작고 둥근 벤치광장이 있고, 여기서부터 본격적으로 아기자기한 거리가 시작된다. 외벽을 온통 동화 같은 벽화로 장식한 세인트 피터 앤 폴 성당

세인트 피터 앤 폴 성당

이 그 마을의 상징물로 우뚝 서 있고, 성당을 중심으로 보행로를 따라 깜찍하면서도 우아한 상점들과 공예점, 카페, 레스토랑이 늘어서 있다. 곳곳에 아름다운 벽화가 그려진 집들을 따라 걷노라면 음악의 도시 잘츠부르크가 멀지 않다는 듯 세계적인 바이올린박물관이 눈앞에 나타난다.

### 바이올린 제작 박물관Geigenbau museum

1930년에 문을 연 바이올린 제작 박물관The violin making museum은 미텐발트에서 가장 오래된 집 중 한 곳에 세워졌다. 2005년에 가장 최신 콘셉트의 악기컬렉션으로 거듭났다. 전시실은 바이올린 장인들의 일상과 미텐발트의 역사를 잘 보여준다. 바바리아Bavaria와 티롤Tyrol 사이 국경지역의 그림 같은 산자락에서 만들어진 바이올린들은 300년 이상 세계 음악계에서 명성을 떨쳐왔다. 모차르트도 미텐발트에서 만든 바이올린으로 연주를 했다.

클로츠Klotz 가문이 미텐발트에 최초로 바이올린 작업장을 설립했고, 1685년경 장인기술이 이 마을과 주변환경에 특별한 영향을 미치면서 많은 바이올린과 현악기 제작자들, 바이올린 제작학교가 자리를 잡게 되었다. 작업실에서는 일일이 수작업하는 제작과정을 보여주는데, 나중에 바이올린을 배우는 사람이 있다면 이곳에 꼭 한 번 가보라고 추천하고 싶다. 세계적인 장인제품이니만큼 아주 비쌀 것이라 예상하고 가격을 물었더니, 고가품도 있지만 비싸지 않은 것도 있었다.

바이올린 제작 박물관

# Dublin, Dublin County, Ireland

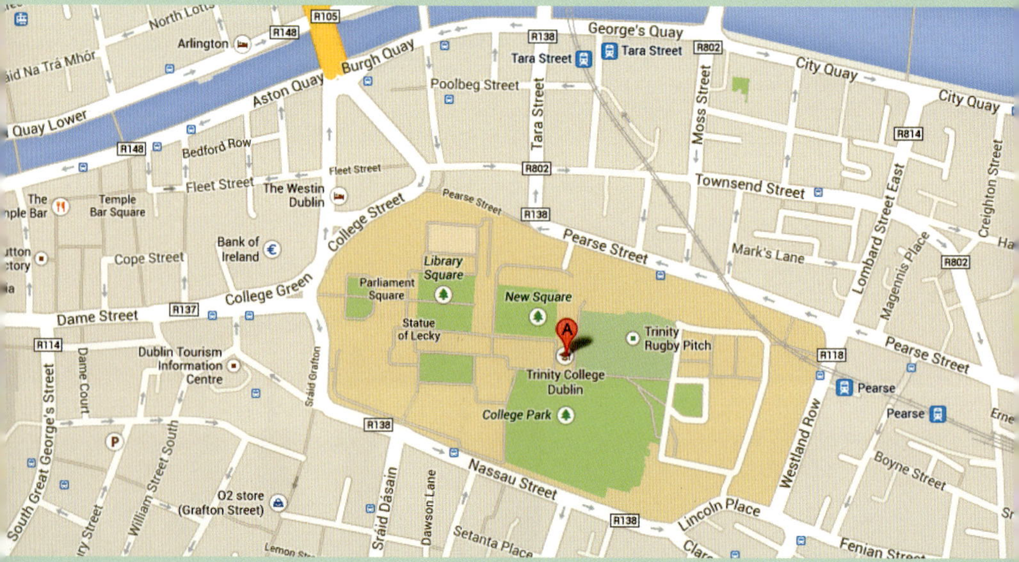

# 아일랜드에서 여행의 로망을 이루다
## _트리니티대학교 기숙사

케임브리지대학교 기숙사에서의 아름다운 추억 때문에 대학 기숙사 생활은 나의 로망 중 하나가 되었다. 아일랜드에서 그 두 번째 기회가 왔다.

트리니티대학교는 더블린 시내 한복판에 위치한 아일랜드에서 가장 오래된 대학이다. 엘리자베스 1세가 1592년에 설립한 이 대학은 넓은 부지에 세워져 웅장한 대학 건물은 물론이고, 숨겨진 역사적 보고와 정원 등으로 더블린 제1의 관광명소로 꼽힌다. 그중에서도《켈스의 서the Book of Kells(9세기 초에 완성된 라틴어 복음서)》등의 고서와 초기의 아일랜드 하프가 최고의 보물이다. 이 보물들은 도서관의 보고Treasury와 롱룸Long Room(옛 도서관의 65미터 길이의 본 열람실로 1712년에서

트리니티대학교 전경

1732년 사이에 지어졌다)에 진열되어 있으며, 이곳에는 20만 권 이상의 고서들이 있어 역사학자들이나 역사에 관심 있는 사람들의 발길이 끊이지 않는다.

2009년 여름, 배를 타고 아일랜드의 수도 더블린 항에 도착한 친구와 나는 택시로 곧장 트리니티대학교 기숙사로 향했다. 아일랜드 대도시의 대학들은 여름방학 동안 영어연수 온 외국 학생들이나 여행객들의 숙소로 학생 기숙사를 제공해 수입을 올린다. 숙박비는 비즈니스호텔 수준으로 저렴한 편은 아니다. 나는 안전한 데다가 역사와 전통을 자랑하는 트리니티대학교의 넓은 캠퍼스에서 잠시나마 머물고 싶었다. 능력만 된다면 대학 내 self-catering apt.(자취용 아파트라 저렴함)에 한두 달 머물면서 율리시즈 문학강좌를 듣고 싶었

트리니티대학교 내부

다. 오랫동안 교사로 가르치기만 하다가 학생이 되어 배우는 시간은 책임에서 벗어나는 신선하고 행복한 경험이 되기 때문이다.

먼저 대학 내의 숙소 사무실Accommodation Office을 찾아갔다. 싼 방은 이미 다 찼고 가장 비싼 방만 남아있었다. 게다가 여름 중에서도 피크타임이라 객실요금으로 1박에 125유로(대략 18만 원)를 지불해야 했다. 친구는 방값이 너무 비싼 거 아니냐며 투덜댔다. 나 역시 같은 생각을 했지만 그래도 친구를 달랬다. 오래전부터 계획했던 일이니만큼 즐거운 마음으로 시간을 보내고 싶었기 때문이다.

조용하고 엄숙한 분위기의 복도를 지나 기숙사 방문을 열었다. 학생들 외에도 외부 손님들에게 상업적으로 개방하는지 천정이 높은 방에는 두꺼운 커튼이 쳐있고 침대와 책상 등 기본적인 가구만 있었지만 깔끔하게 정리되어 있었다. 케임브리지대학교 같은 고전적이고 학구적인 느낌이 적고 현대적인 시설이 많아 개인적으로 조금 실망스럽기는 했다. 커튼을 젖히고 창밖으로 정원을 내다보면서 책상에 앉아보았다. 책상 위 스탠드를 켜놓고 이 방의 주인은 어떤 사람일까 잠시 상상해보았다.

트리니티대학교의 기숙사

### 더블린 작가 박물관Dublin Writer's Museum

제임스 조이스James Joyce 는 물론 조지 버나드 쇼George Bernard Shaw, 윌리엄 버틀러 예이츠William Butler Yeats, 사무엘 베케트Samuel Beckett, 조너선 스위프트Jonathan Swift, 브렌단 베한Brendan Behan 등 아일랜드 출신 작가들의 편지와 책, 유품들을 모아놓은 18세기의 대저택이다. 더블린 작가 박물관에서는 각종 문학강좌와 공연, 워크숍이 열린다. 문학을 잘 모르더라도 영어를 공부한 사람이라면 한 번쯤 가볼 만한 곳이다.

### 기네스 맥주저장고Guinness Storehouse

아일랜드의 대표문화인 펍을 알려면 우선 기네스 맥주를 한 잔 마셔봐야 한다. 250년에 걸친 드라마틱한 기네스의 역사도 알아보고, 공장 안에 있는 바에서 한 잔 하며 더블린 시내를 내려다보면 하루의 피로가 제대로 풀린다. 공장

안에는 Brewery, Source, Gravity 등 세 개의 바가 있다.

### 세인트 스테판스 그린 파크 St. Stephen's Green Park

아일랜드에서 가장 예쁜 빅토리아풍의 공원이다. 세인트 스테판스 그린 파크는 외국의 거대한 공원들에 비하면 규모는 조금 작지만 시내 중심가에 있어 이용하기가 편리하다. 아침에는 바쁘게 출근하는 직장인들을 만날 수 있고, 낮에는 예쁜 정원과 아기자기한 호수를 산책하러 아기를 데리고 나온 젊은 엄마들과 근처 그래프톤 거리 Grafton St. 쇼핑가를 구경하는 여행객들의 휴식공간이 된다. 여름철에는 매일 런치타임 콘서트가 열려 공원의 활기가 절정에 이른다.

1 · 2 세인트 스테판스 그린 파크

# Grasmere, the Lake Diatrict, Cumbria, England

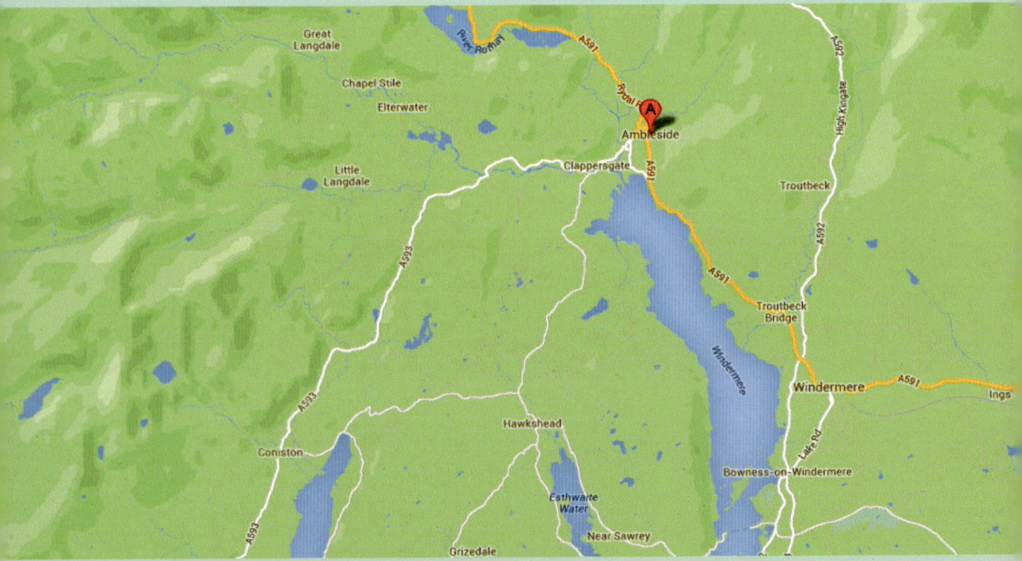

# 호수지방에서 만났던 행운
## _알란의 아파트

영국의 호수지방Lake District에서 머물렀던 5일은 2009년에 내가 가장 행복했던 시간으로 기억한다. 호수지방을 여행하는 사람들은 보통 윈더미어Windermere, 앰블사이드Ambleside, 그래스미어Grasmere 중 한 곳에 묵는다. 대부분의 여행객들은 가장 크고 교통이 편리한 윈더미어에 묵으면서 호수지방을 여행한다. 그러나 나는 그중에서 가장 작은 도시인 그래스미어에서 지내보기로 했다. 그래스미어는 작은 도시여서 숙박시설이 별로 없어 값이 싼 편은 아니지만 대신에 조용하고 아름답다는 장점이 있었다.

운 좋게도 나는 버스에서 내린 지 얼마 지나지 않아서 아파트 형태의 숙소를 구했다. 그것도 아주 예쁘고 시설 좋은 알란Allans의 아파트를! 주인에게 물어보니 이 아파트에 묵으려면 6개월 전에는 예약해야 한다고 했다. 그런데 나는 사전정보나 예약도 없이 도착 즉시 체크인을 하는 행운을 얻은 것이다. 로또를 맞으면 이런 기분일까 싶을 만큼 가슴이 벅찼다. 어렸을 때 소풍 가서 보물찾기를 해도, 하다 못해 친구들과 네잎클로버 찾기를 해도 나는 항상 젬병이었다. 그런 내 눈에 이곳이 띄다니 믿을 수 없었다.

그래스미어에 내려 여행안내소를 찾으면서 걷는데 왼쪽으로 보이는 대저택 마당에 'Vacancies'라고 쓰인 작은 간판이 보였다. 그냥 지나칠 수 있는 위치였는데, 용케도 내 눈에 들어왔다. 친구와 나는 서둘러 사무실 문을 노크하고 빈방을 물었다.

은퇴한 공무원 스타일로 보이는 온화한 인상의 노신사는 케이터링catering(밥을 해먹는 형태) 아파트인데 괜찮겠느냐고 묻더니, 아파트 2층으로 안내했다. 침실 두 개에 욕실과 주방이 딸린 거실 등 족히 20평은 되어 보였다. 우리는 침실 두 개를 다 사용할 필요가 없어 방 하나는 문을 닫아두었다. 대신에 그만큼 값이 저렴해졌다.

그래스미어의 마을

사무실로 돌아와 방값을 지불하고 막 나서려는데, 부부로 보이는 커플 여행객이 들어왔다. 주인이 이분들이 마지막 방을 예약했다고 하자, 그들은 "Congratulations!"라며 축하를 해주었다.

우리는 갓 입주한 집처럼 깨끗하고 시설 좋은 아파트에서 지지고 볶으며 5일 동안 잘 먹고 잘 지냈다. 근처 슈퍼에서 쌀을 사다 저녁에는 꼬박꼬박 밥도 해먹었다. 가정 선생님인 데다 요리에 일가견이 있는 친구는 아침저녁으로 정성스럽게 식탁을 차려주었다.

알란의 아파트에 머무는 동안 내 생일도 맞았다. 우리는 윈더미어에 있는 대형마트에서 매끈하게 손질해놓은 물오징어 두 마리와 상추, 이태리 와인까지 사서 근사한 생일상을 차렸다. 결혼한 이래 닷새씩이나 남이 해주는 밥을 이렇게 편안한 마음으로 얻어먹는 건 처음이었다. 그것도 영국에서 쌀밥을 먹다니, 그 사실만으로도 충분히 행복하고 감동스러웠다.

호수지방 가이드북을 보니 매주 화요일은 인근 펜리스Penrith 장날이었다. 화요일 아침이 되자 우리는 서둘러서 밥을 챙겨먹고 시장구경을 나갔다. 그런데 계속해서 내리는 비 때문인지 야채와 꽃시장 정도만 서고, 장터는 비어있었다. 기왕 버스까지 타고 왔으니 거리구경이라도 하고 가자며 친구와 중심가를 한 바퀴 돌고 카페에 들어갔다.

소박한 시골 카페는 나이든 아줌마와 할머니들로 활기가 넘쳤다. 한껏 차려입고 나와 갓 구운 스콘과 찻잔을 앞에 놓고 쉴 새 없이 떠들었다. 눈치 빠른 친구는 '계모임'인 모양이라고 웃으며 말했다. 슬쩍 엿들어보니 그녀들은 가방 자랑 옷 자랑을 열심히 하고 있었다. 세계 어디를 가나 여자들의 수다거리는 비슷한 모양이라며 우리는

깔깔댔다. 평소 영국 부인들은 이성적이고 남들 앞에서 품위를 중시 한다는 생각이 나의 지극한 오해였음을 실감하는 순간이기도 했다.

호수지방에 머무는 동안 우리는 1주일짜리 컴브리아 골드라이더 Cumbria Goldrider(호수지방 버스카드인데, 승차 횟수와 관계없이 정해진 기간 동 안 마음대로 이용할 수 있다)를 23.5파운드(대략 4만 원)에 구입해서 이 곳저곳 마음껏 돌아다녔다. 계획한 일정을 일찍 마치고 돌아온 날은 동네 상점을 기웃거리기도 하고, 전형적인 시골냄새가 나는 동구 밖 양목장까지 산책을 나가기도 했다. 워즈워스 무덤은 우리가 묵는 아 파트에서 100미터 지척에 있어 오며가며 자주 지나다녔다. 그런데 교회 뒤편에 있는 워즈워스 무덤보다 그 옆에 있는 오래된 작은 생강 빵gingerbread집에 사람들이 더 붐볐다. 나중에 책을 통해 알았는데, 상 당히 유명한 집으로 '그래스미어 생강빵Grasmere Gingerbread 레시피'가 소개될 정도였다.

그나마 비가 많은 영국인데 호수지방은 비가 더 자주 내렸다. 거의 매일 비가 오락가락했는데 친구는 비가 너무 지겹다며 투덜댈 때가 많았다. 그러나 나는 화창한 호수지방보다 오히려 뿌연 안개에 가려 있는 호숫가의 경치가 좋았다.

한여름인데도 호수지방을 여행하는 사람들은 모자가 달린 두툼한 방수 재킷을 입고 다녔다. 그곳은 비가 잦은 만큼 여름인데도 제법 쌀쌀했다. 가끔 버버리 차림의 노부부들도 눈에 띄었다. 버버리 하면 영국인데, 그중에서도 호수지방만큼 버버리가 잘 어울리는 곳은 없 을 것이다. 다음 번에 다시 호수지방에 갈 때는 나도 방수가 잘 되고 두툼한 옷을 챙겨갈 것이다. 그리고 호숫가를 거닐며 워즈워스를 생각하고, 밤에는 그의 시를 읽으며 절절한 고독과 대면할 것이다.

## 호수지방에 가면 누구나 워즈워스가 된다

시인 윌리엄 워즈워스<sup>William Wordsworth</sup>로 유명한 영국의 호수지방은 그의 시만큼이나 자연풍광이 아름답다. 보통사람들도 그 지역을 여행하노라면 저절로 시상이 떠오를 정도로 낭만적인 곳이다.

호수지방에 도착해서 친구와 나는 워즈워스가 살았던 도브 코티지<sup>Dove Cottage</sup>를 제일 먼저 찾아갔다. 도브 코티지는 워즈워스가 1799년부터 1818년까지 여동생 도로시<sup>Dorothy</sup>와 함께 살았던 곳이다. 워즈워스는 그곳에서 가장 많은 시를 썼고 행복한 시절을 보냈다. 문득 이곳에서 그의 시가 읽고 싶어졌다. 얼른 기념품가게에 들러 그의 시 '수선화<sup>The Daffodils</sup>'가 적힌 예쁜 엽서를 샀다. 천천히 소리 내어 읽어보았다.

도브 코티지

## Daffodils 水仙花

### _William, Wordsworth

*I wandered lonely as a cloud*
*That floats on high o'er vales and hills,*
*When all at once I saw a crowd,*
*A host, of golden daffodils;*
*Beside the lake, beneath the trees,*
*Fluttering and dancing in the breeze.*

산골짜기 넘어 떠도는 구름처럼
홀로 거닐다
호숫가 나무 아래 미풍에 너울거리는
황금빛 수선화를 보았네.

*Continuous as the stars that shine*
*And twinkle on the milky way,*
*They stretched in never-ending line*
*Along the margin of a bay:*
*Ten thousand saw I at a glance,*
*Tossing their heads in sprightly dance.*

은하에서 빛나게 반짝이는 별들처럼
물가를 따라 끝없이 피어 있는 수선화.
수많은 꽃송이가 흥겹게 고개를 치켜드는 것을
단번에 알아차릴 수 있었네.

*The waves beside them danced; but they*

*Out-did the sparkling waves in glee:*
*A poet could not but be gay,*
*In such a jocund company:*
*I gazed and gazed, but little thought*
*What wealth the show to me had brought:*

주위의 물결도 춤추었으나
기뻐 춤추는 수선화를 따르지 못했으니!
이렇게 흥겨운 벗과 있으면
어찌 시인이 즐겁지 않으랴.
지켜보고 또 지켜보았지만
그 정경의 보배로움은 미처 몰랐느니.

*For oft, when on my couch I lie*
*In vacant or in pensive mood,*
*They flash upon that inward eye*
*Which is the bliss of solitude;*
*And then my heart with pleasure fills,*
*And dances with the daffodils.*

자리에 누워 무연히 홀로 생각에 잠길 때
고독의 행복에 젖어있는 그 깊은 눈이 떠오르네.
그리고 내 가슴은 기쁨에 차고
수선화와 더불어 춤추노니.


　언젠가 가장 사치스러운 독서는 현장독서법이라는 글을 읽은 적
이 있다. 현장독서법이란 책의 배경이 되는 곳에 가서 그 책을 읽는
것을 말한다. 나는 현장독서법을 실천한 셈이다.

　도브 코티지 굴뚝에서 연기가 피어오르는 게 보였다. 한여름인데
도 서늘해하는 방문객들을 위해 누군가가 벽난로에 불을 지핀 것이
다. 이곳은 아직도 옛날식으로 석탄을 때고 있었다.

　다음에는 워즈워스가 1813년부터 1850년까지 살았던 '라이달 마
운트Rydal Mount'를 찾았다. 윈더미어Windermere 호수와 라이달 워터Rydal
Water 호수 사이의 언덕 위에
자리 잡고 있는데, 지금은 그
의 후손들이 살고 있다.

　라이달 마운트는 도브 코티
지보다 훨씬 넓은 신식 건물
이다. 하얀색으로 페인트칠되
어 있어 그의 시에서 풍기는
깔끔하면서 청초한 분위기가
느껴진다. 실내에는 그가 사
용했던 가구며 소품들이 고

라이달 마운트에 있는 워즈워스가 살던 집

스란히 보존되어 있다. 조금 높이 달려 있는 창문에서 밖을 내다보면, 저 멀리 호수가 보이고 잘 손질된 아름다운 영국 정원이 끝없이 펼쳐져있다. 정원 마니아였던 워즈워스가 생전에 가꾸었다는 거대한 규모의 정원에는 여전히 아름다운 꽃들이 자태를 뽐내고 있다.

## 베아트릭스 포터의 세계에 가다

호수지방은 시인 워즈워스뿐 아니라 《피터 래빗》으로 유명한 영국 최고의 동화작가 베아트릭스 포터Beatrix Potter가 살았던 곳이기도 하다.

몇 년 전 여행에서 돌아와 책마을 헤이 온 와이에서 사온 책들을 정리하고 있을 때였다. 옆에서 곁눈질하고 있던 남편이 반가운 목소리로 물었다.

"어, 이 유명한 책들을 어떻게 알고 사왔어?"

그러고는 "이 여자 아주 유명해. 〈미스 포터〉라는 영화도 나왔잖아"라며 포터의 일대기를 읊어주었다. 그 후에 포터에 대한 호기심이 생겨 서점에 나가 리처드 말트비 주니어Richard Maltby JR.가 쓴 소설 《미스 포터Miss Potter》를 사다가 읽었다.

호수지방은 런던에서 태어난 포터가 해마다 가족들과 함께 여름 휴가를 보내던 곳이다. 그녀는 자신의 책을 출판해주고 적극적으로 지지해주던 약혼자가 세상을 떠나자, 런던을 떠나 이곳 힐탑농장Hill Top Farm에서 지냈다. 그리고 주민들과 함께 농장에서 양을 키우고 농사를 지으면서 주변의 땅을 사들였다. 그녀는 죽기 전에 전 재산을 내셔널 트러스트National Trust(자연환경과 문화유산 보호활동을 하는 비영리 단체이자 비정부기구)에 맡겼는데, 절대 개발하지 않는다는 조건을 내

걸었다. 오늘날 영국 시골이 옛 모습 그대로 아름다운 자연을 보존하고 있는 것은 베아트릭스 포터의 노력도 한몫했다고 볼 수 있다.

영국의 시골을 여행하면서 관광객들이 많이 찾는 곳인데도 왜 길이 좁고 교통이 불편할까 생각한 적이 많았다. 《미스 포터》를 읽고 나는 그것들을 이해할 수 있었다. 불편하지만 자연이 주는 아름다움과 순수함에서 에너지를 얻고 위로받겠다는 워즈워스와 포터의 유전자가 그 후손들의 핏속에 여전히 흐르고 있는 것 같다.

포터에 대한 책을 다 읽자, 언젠가는 꼭 힐탑에 가고 싶어졌다. 그래서 이번 호수지방 여행 일정에 '힐탑'과 '포터의 세계'를 끼워넣은 것이다.

호수지방 혹스헤드Hawkshead에 '포터 갤러리'와 그녀가 살았던 '힐탑농장'이 있다. 앰블사이드에서 버스를 타고 좁은 산골길을 꼬불꼬불 한참 들어가면 농장이 나온다. 어찌나 길이 좁은지 맞은편에서 차가 오면 살짝이라도 부딪칠 것만 같아 마음이 조마조마했다. 그 모습이 아슬아슬해서 나는 차가 나타날 때마다 주먹 쥔 손에 힘이 들어가곤 했다. 하지만 버스기사들은 아무 일도 아니라는 듯 요리조리 잘도 빠져나갔다.

산골길을 오른 지 한참 만에 마을이 나타났

혹스헤드의 우체국

다. 드디어 혹스헤드 빌리지에 도착한 것이다. 버스터미널만 빼고는 옛 모습 그대로라고 했다. 그 마을에서는 자전거를 타고 가는 행인도 포터의 동화 속 한 장면을 보는 것처럼 느껴졌다. 그만큼 마을은 동화 속 풍경 같았다. 마을 중간쯤에 있는 혹스헤드 우체국도 동화 속 그림처럼 깜찍하고 귀여웠다. 편지쓰기를 즐겼다던 포터도 여기서 편지를 부쳤을까? 우체국 안에서 하늘색 재킷을 입은 피터 래빗이 튀어나와 문 앞에 있는 꽃수레를 끌고 갈 것만 같았다.

뒷골목에는 깜찍한 꽃바구니들을 매단 비앤비들이 즐비했다. 점심 때여서인지 카페에는 사람들로 북적거렸다. 젊은이들보다는 나이가 들어 보이는 사람들이 많았다. 베아트릭스 포터의 동화책을 읽으면서 자란 세대들이 어린 시절 동화 속 마을을 찾고 있는 게 아닐까 싶었다.

힐탑농장까지는 30분 정도 걸어서 올라가거나 버스를 타야 했다. 그런데 다니는 버스가 워낙 적어 여행일정상 포기해야 했다. 아쉽게도 농장 구경은 다음 기회로 미룰 수밖에 없었다.

힐탑농장

## 이곳에서 놓치면 안 되는 볼거리

### 컴브리아 호수지방 버스

잉글랜드 북서쪽에 위치한 컴브리아 주는 6개 지역으로 되어있으며, 그중 주도가 칼라일Carlisle이다. 컴브리아 버스라이더Cumbria busrider는 컴브리아 지역과 호수지방Lake District인 케스윅Keswick, 그래스미어, 앰블사이드, 윈더미어, 보네스Bowness를 운행하는 버스로, 영국에서 가장 아름다운 여행을 즐길 수 있는 구간으로 명성이 높다.

밋밋한 들판으로 일관된 전형적인 영국 풍경과 달리 이 노선은 안개 낀 호수를 끼고 산과 계곡이 아기자기하게 이어진다. 시적 영감을 주는 아름다운 풍경과 오밀조밀한 산책로는 영국뿐 아니라 세계적으로도 드문 로맨틱한 여행코스다. 단, 호수지방 구석구석을 둘러보려면 변덕스런 날씨에 대비해 두툼한 재킷과 우산을 꼭 준비해야 한다.

컴브리아 버스티켓은 운전기사에게 직접 구입하고, 미리 여행안

컴브리아 지역의 호수

내소나 버스기사에게 안내책자를 얻어 버스운행시간표와 관광코스를 확인하여 여행하면 따로 가이드북이 필요 없다. 나는 7일권 패스 '컴브리아 골드라이더Cumbria Goldrider'를 구입해 그곳에 머무는 동안 아주 유용하게 사용했다.

## 베아트릭스 포터 월드The World of Beatrix Potter Attraction

호수지방은 뭐니 뭐니 해도 시인 워즈워스로 가장 유명하지만, 《피터 래빗》의 작가 베아트릭스 포터의 고장으로도 잘 알려져 있다.

베아트릭스 포터 월드는 유럽에서 유일하게 남녀노소가 함께 즐길 수 있는 포터 동화 체험관이다. 포터의 23개 동화에 나오는 장면을 재현해놓았는데, 그 규모가 엄청나다. 시각과 청각적인 요소는 물론이고 냄새까지 동화와 똑같이 만들어놓았다. 각 이야기마다 그림의 색깔이 너무 예쁘고, 동물세계에서 벌어지는 상황이 마치 동화책을 읽고 있는 것처럼 생생하고 재미있어서 계속해서 카메라 셔터를 누를 수밖에 없다. 체험관에서는 포터의 업적과 관련된 영화도 볼 수 있다.

기념품가게에서 피터 래빗 관련 기념품들과 포터의 동화책, 엑티비티북 등 포터 월드의 캐릭터들을 구입할 수 있다. 티룸에서는 그 지역에서 상을 받은 식품과 음료를 맛볼 수 있다.

베아트릭스 포터의 집

# PART 3

남프랑스에서
예술여행을
즐기다

　나는 피터 메일$^{Peter\ Mayle}$이 쓴 《프로방스에서의 1년$^{A\ Year\ in\ Provence}$》을 읽고 나서부터 프랑스 남부지방 여행에 대한 막연한 꿈을 키우기 시작했다. 이 책은 작가 피터 메일이 포도밭으로 유명한 남프랑스 작은 시골마을에 살면서 그곳 주민들과의 소소하고 행복한 일상을 1월부터 12월까지 일기형식으로 쓴 것이다. 이 책을 읽을 당시 나는 여행 재미에 한창 빠져있을 때여서 프로방스 이야기를 한 페이지 한 페이지 아주 꼼꼼하게 읽었던 기억이 있다. 책을 읽고 있으면 내가 정말 프로방스에 살고 있는 것처럼 느껴졌다.

　뉴질랜드$^{New\ Zealand}$ 넬슨 책방에서 발견한 메리 무디$^{Mary\ Moody}$의 《또 봐요,

안녕<sup>Au Revoir</sup>》을 읽고 나서는 그것이 절정에 이르렀다. 《또 봐요, 안녕》은 호주의 작가이자 방송인이었던 메리가 쉰 살이 되었을 때 그동안 쌓은 화려한 경력을 버리고, 자신의 인생을 돌아보고 새로운 삶을 시작하기 위해 평소 꿈꾸어 왔던 프랑스 남서부로 떠나는 이야기다. 메리는 작은 시골마을에 집을 얻어 6개월간 머물면서 그곳 사람들에게서 불어를 배우고 일상을 함께했다. 고국으로 돌아온 후에 그 경험은 그녀의 삶을 더욱 풍요롭게 만들어주었다. 이 책을 읽은 후에 '프로방스'는 나의 로망이 되었고, 꼭 한 번 가보고 싶은 곳이 되었다. 2013년 1월, 드디어 나는 꿈을 이루게 되었다. 단 며칠이지만 프로방스에 머물게 된 것이다.

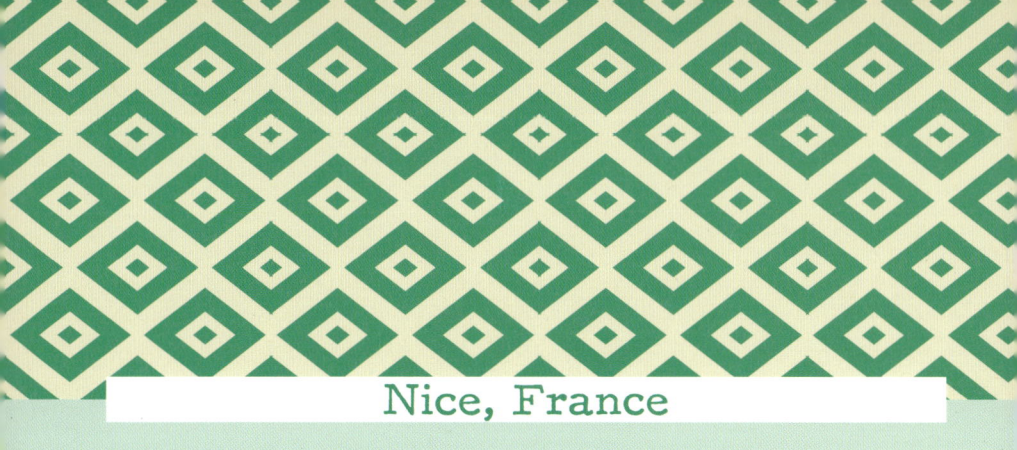

# Nice, France

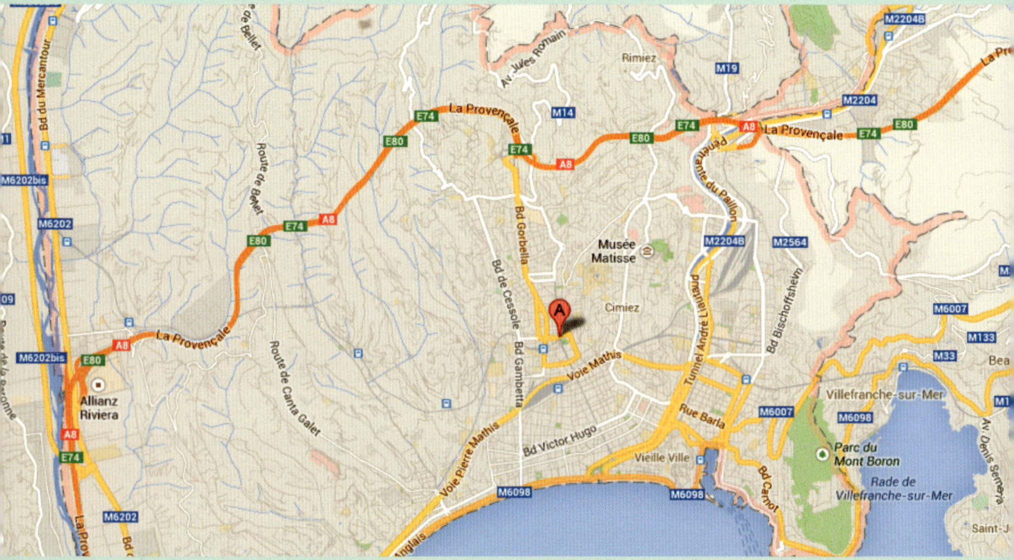

# 남프랑스에서
# 예술에 취하다

　세계적인 여행사 트라팔가$^{Trafalgar}$ 여행은 각국의 여행자들이 각자 여행 출발지로 모여 정해진 일정을 함께하고 마지막 여행지에서 흩어져 본국으로 돌아가는 방식이다. 세계 각지에서 사람들이 모이는 만큼 영어를 사용하고, 여행사 전용버스로 움직인다. 브로슈어를 보니 마침 'Highlights of France and Barcelona(프랑스와 바르셀로나 명소)' 7박 8일짜리 상품이 있었다. 파리에서 출발해 툴르즈$^{Toulouse}$-리옹$^{Lyon}$-니스$^{Nice}$를 거쳐 바르셀로나가 마지막 여행지였다. 꿈에 그리던 남프랑스 여행을 할 수 있다니, 마음이 설레었다. 나의 최종 목적지는 남프랑스였기 때문에 바르셀로나까지 굳이 갈 필요는 없었다. 그래서 니스에 남아 프랑스 남부를 좀 더 여행하기로 결정했다. 여행사를 통해 트라팔가 프랑스 여행을 예약하고, 날짜를 손꼽아 기다렸다가 파리로 날아갔다.

파리호텔에 도착해 로비에서 등록을 하는데, 담당 디렉터가 "운 좋게도 2인실 비용으로 독방을 쓰게 되었어요"라고 축하해주었다. 디렉터는 예약한 사람 중에 혼자 여행하는 사람이 있기는 한데, 모두들 독방을 희망한다고 했다. 그래서 2인실을 예약한 내가 추가 비용을 내지 않고 1인실로 사용하게 됐다는 것이다.

트라팔가 '프랑스 일주'는 파리에서 2박을 하고 일정대로 진행되었다. 니스에 도착했을 때 디렉터에게 "나는 여기서 여행을 마치겠어요"라고 하자, 여행중단 사유를 물었다. 본사에 보고를 해야 한다고 했다. 나는 사유서에 'To see more of Provence(프로방스 여행을 더 하고 싶다)'라고 적고, 팁을 미리 주고 작별을 고했다.

## 예술가들이 여생을 보낸 곳, 니스

나는 니스를 여행하는 동안 머물 숙소를 미리 알아보고 예약도 해둔 상태였다. 재불 여행작가가 책에 추천한 'Villa Victoria(빌라 빅토리아)'는 가정집 스타일의 빌라인데, 빅토리아 스타일의 객실 가구와 거울, 스탠드 등이 우아한 분위기의 니스와 잘 어울렸다. 게다가 숙박비도 그리 비싸지 않아 장기간 편안하게 머물 수 있었다. 현지에 살고 있는 사람이 직접 머물러보고 추천한 곳이라 더 신뢰가 갔다.

외출했다가 숙소에 돌아오면 늘 로비에 차와 간식이 준비되어 있었다. 학교 갔다 집에 오면 엄마가 챙겨주던 간식이 떠올라, 처음부터 정이 가고 푸근했다. 아침식사 때 식당에서 재불 화가와 한국인들을 만나기도 했다. 빌라 빅토리아는 파리 예술인들이 니스 미술관을 보러 오면 자주 머무는 곳이라고 했다.

니스는 푸른 바다가 눈부신 휴양도시다. 영국인들의 휴양지로 특별히 각광받는데 산책로 조성에 영국인들의 기여가 많았다고 해서 '영국인 산책로Promenade des Anglais'라 불리는 시내 해변가가 있다. 해변을 따라 하얀 탁자가 길게 놓여있고, 그 위에 있는 파란색 재떨이와 남색 비치파라솔의 조화는 마치 한 폭의 풍경화 같았다. 모래사장에 늘어서 있는 하얀색 벤치와 거기서 휴식을 취하는 사람들도 코트 다 쥐르Côte d' Azur의 아름다운 풍경에 한몫 톡톡히 하고 있었다. 흰색과 파란색을 즐겨 사용한 앙리 마티스Henri Matisse의 그림 한 폭을 보는 듯했다.

마티스미술관 옥상에서 니스 시내를 내려다보면 흰색이나 아이보리색 벽에 벽돌색 지붕의 집들이 파란 하늘과 어우러져 아주 환상적이다. 그래서 그 사이로 보이는 회색 구름마저 이곳에서는 하나의 장식품으로 보인다. 아름다운 자연을 배경으로 그에 걸맞게 설치해 놓

니스의 해변가

은 미술관의 예술품과 소품늘을 보면서 '파리는 예술이다'는 말이 그 냥 나온 것이 아님을 새삼 느꼈다. 프랑스인들의 생활 속에 배어있는 예술성이 참 부러웠다.

니스는 교통이 편리하고, 각종 편의시설도 잘 되어 있으며, 볼거리도 많다. 나는 시내버스와 기차를 이용해 코트 다쥐르 지역, 칸<sup>Cannes</sup>, 에즈<sup>Eze</sup>, 모나코<sup>Monaco</sup>, 앙티브<sup>Antibes</sup>, 생 폴 드 방스<sup>St. Paul de Vence</sup>, 방스<sup>Vence</sup> 등을 편리하게 여행했다.

니스에는 샤갈<sup>Chagall</sup>, 마티스, 니스현대미술관이 있고, 나폴레옹 스타일의 저택에 그 시대의 실내장식과 옷 장신구, 니스화파 작품 1,500여 점이 전시되어 있는 마세나미술관<sup>Masée Masséna</sup>이 있다. 그중 샤갈미술관은 샤갈의 밝고 풍부한 색채가 눈에 아른거려 두 번이나 방문했다.

마티스미술관

## 밝고 명랑한 샤갈의 그림에 빠지다

주로 성서를 바탕으로 작품을 그린 샤갈의 심오한 작품을 좀 더 잘 이해하기 위해 미술관 입구 기념품가게에서 《Visitor's Guide Book(방문객 가이드북)》을 샀다. 그 책에는 샤갈이 미술관 개관식 때 연설한 내용도 수록되어 있었다.

러시아에서 태어난 샤갈은 어려서부터 성서에 심취했다고 한다. 성경이 시상의 원천이라고 생각한 샤갈은 인생과 예술에 그것을 반영하려고 애썼다. 그는 자신의 그림들은 단 한 사람의 꿈이 아니라 모든 인류의 꿈을 대표한다면서 1973년 7월 생일날, 그의 미술관 개관 연설에서 다음과 같이 말했다.

"색채와 선은 여러분들의 개성과 메시지를 담고 있습니다. 모든 생명체가 불가피하게 종말을 향하고 있다면 우리는 사는 동안 사랑과 희망의 색채로 그것을 색칠해야 합니다. …… 내 인생과 예술의 완성은 성경에서 나옵니다. 미술관에 오는 모든 사람들은 그의 사랑에 대해 말할 것이며, 마치 엄마가 사랑과 고통으로 아기를 이 세상에 탄생시키는 것처럼, 그렇게 남녀노소가 새로운 색채로 사랑의 세계를 만든다면 더 이상 적은 없을 것입니다. 종교가 무엇이든 이 미술관을 방문하는 모든 사람들이 악의와 선동을 멀리하고 이러한 꿈에 대해 이야기하기를 바랍니다."

샤갈의 성서 메시지를 담은 〈천지창조〉와 〈출애굽기Genesis and Exodus〉 등 12개의 작품 가운데 나는 〈아담과 이브의 낙원 추방Adam and Eve Expelled from Paradise〉이 가장 마음에 들었다. 염소 머리를 가진 새가 날아가고, 날개를 단 물고기가 강 밖으로 튀어나오고, 인류의 미래를 예언하듯 활력과 다산의 상징인 빨간 수탉을 탄 아담과 이브가 추방되는 장면은 아주 인상적이었다. 특히 날씨가 흐려 기분이 가라앉는 날에 샤갈의 밝고 명랑한 그림을 보면 저절로 기분이 좋아진다.

내가 이곳에 두 번째 방문했을 때가 바로 비가 내리는 날이었다. 한 번 갔던 곳이라 찾아가는 길은 익숙했다. 그런데 매표소에서 황당한 일을 겪었다. 티켓을 사기 위해 창구에 10유로(대략 1만 4,000원)를 냈더니, 잔돈이 없다며 그냥 가라는 것이었다.

'무슨 이런 경우가 다 있지?' 싶어 어이가 없고 마음이 상했다. 황당한 표정으로 잠시 머뭇거리자, 바로 옆 창구의 직원이 자기한테 표를 사라고 말했다. 나는 아까보다 더 황당한 표정을 짓고 말았다. 이런 것이 말로만 듣던 프랑스식 사고방식이란 것일까? 이유야 어찌됐든 그 기분을 오래 끌고 싶지 않아 가볍게 '문화차이'로 이해하고 넘어가기로 했다.

두 번째 방문이다 보니 내게 관람 요령이 생겼다. 먼저 영화관에서 샤갈 일대기를 보고 작품을 감상했다. 덕분에 작품을 더 깊이 이해할 수 있었다. 작품의 풍부하고 아름다운 색감은 매우 매혹적이어서 보면 볼수록 끌리고 빠져들었다. 100세 가까이

니스의 코트 다쥐르 골목

살면서 왕성한 작품활동을 펼친 샤갈이 새삼 더 존경스러워졌다.

### 피카소미술관과 파란 지중해의 앙상블

니스 역에서 기차를 타고 피카소미술관을 찾아 앙티브에 갔다. 27분가량 걸렸는데, 앙티브는 니스와 전혀 다른 분위기였다. 로마시대 성채였다는 피카소미술관은 바닷가 높은 축대 위에 마치 등대처럼 우뚝 솟아 있었다. 미술관 앞으로 시원하게 펼쳐진 파란 지중해는 또 하나의 볼거리였다.

이곳에서 4개월을 지내는 동안 피카소는 150여 점의 작품을 남겼다. 도자기를 판매하는 40세 연하의 자끌린과 사랑에 빠져 도자기에 그림을 그리는 색다른 시도를 하기도 했다. 그래서인지 세라믹 작품이 절반을 차지하고 있었다.

토요일 오전이었는데, 미술관은 예상과 달리 아주 조용했다. 너무

피카소미술관

한적해서 방마다 앉아있는 직원이 꾸벅꾸벅 졸고 있는 모습을 목격하기도 했다. 한쪽에서 그림을 설명하는 소리가 들려왔다. 그쪽으로 발걸음을 옮겼더니 옆방에 한 무리의 어르신들이 미술관 큐레이터의 작품설명을 듣고 있었다. 할머니들이 대부분이었다. 뒤처진 듯 보이는 사람에게 다가가 미술동호회냐고 물었더니, 그렇다고 했다.

미술관에서 나와 좁은 골목을 구경하며 천천히 큰길로 나왔다. 초입에 자리한 앤티크 시장에 책들이 보기 좋게 한 줄로 진열되어 있었다. 돌 축대를 책꽂이로 삼고 이젤을 받침대로 썼는데 그 위에도 책들이 놓여있었다. 피카소의 고장이어서인지, 특히 화집이 많았다. 조금 더 걸어가자, 시장이 나왔다. 피카소미술관은 정적이 흘렀는데, 좁은 시골 장터는 장보러 나온 사람들과 여행객들로 북적북적 소란스러웠다.

시장 근처에서 간단히 점심을 먹고 중심가 쪽으로 내려갔다. 제법 큰 규모의 앤티크 시장이 열려있었다. 값비싼 식기류와 스푼, 나이프, 포크 세트와 세라믹용품, 미술작품들이 한꺼번에 쏟아져 나왔다고 할 만큼 많았다.

저 멀리 바닷가에 요트가 보였다. 무작정 요트를 향해 걸었더니 길게 늘어선 야자수 사이로 항구가 보이고, 수많은 요트와 요트중개업소들이 줄지어 있었다. 피카소와 지중해와 요트와 한 고리로 연결되는 앙티브는 왠지 모르게 도도하고 럭셔리한 느낌이었다.

앙티브 해변

## 생 폴 드 방스 St. Paul de Vence

생 폴 드 방스는 니스에서 시내버스로 1시간 거리에 있다. 16세기에 만들어진 중세 마을인데, 언덕 위 성 안에 오밀조밀한 집들이 모여있다. 버스에서 내려 성으로 올라가는 언덕 중간에 마을 전체를 내려다볼 수 있는 일종의 필름 전망대가 있는데, 빨강 노랑 파랑의 셀로판지 색깔에 따라 색색으로 바뀌는 시가지를 구경할 수 있다. 성 입구 광장에 있는 작은 야시장에서는 남프랑스의 뜨거운 태양 아래서 잘 익은 고운 빛깔의 말린 과일들이 눈길을 끌었다.

성문을 지났더니 좁은 돌집 골목마다 제각각 개성이 뚜렷한 앙증맞은 갤러리와 가게들이 즐비하게 늘어서 있었다. 돌계단 틈 사이에서 자란 잡초도, 집 앞에 내놓은 화분도 생 폴 드 방스에서는 각자 맡고 있는 역할이 있는 듯했다. 그것들 하나하나

생 폴 드 방스

가 모여 멋진 풍경화를 만
들어내고 있었기 때문이다.

생 폴 드 방스

샤갈과 마티스 그림이 많
은 한 갤러리에 들어가자,
주인아저씨가 반갑게 맞아
주었다. 나중에 기회가 되
면 이곳에 잠시 머물면서
미술 레슨을 받아볼까 싶어
넌지시 물어보았다. 미술지

도도 가능하고, 레슨비도 비싸지 않단다. 생 폴 드 방스 여행안내소
에서 물어보면 직접 그 지역 예술가와 연결해준다고도 했다.

생 폴 드 방스 골목 구경을 마치고, 버스정류소 근처의 빵집에 들
어가 빵과 아메리카노를 주문했다. 하지만 나는 에스프레소를 마셔
야 했다. 여기서는 에스프레소가 대중적인 커피란다. 하는 수 없이
에스프레소에 뜨거운 물을 부어 마셨다. 가게 안을 살펴보니 눈에
보이는 물건 하나하나가 다 예술품 수준이었다. 샤갈풍 색채의 종이
컵부터 냅킨, 쟁반, 창가에 놓여있는 마른 풀다발까지 어느 것 하나
예술품 아닌 게 없었다.

트라팔가 여행 패키지에서 생 폴 드 방스를 방문했는데, 다시 한
번 그곳을 눈에 담고 싶어 찾아갔다. 좀 이른 오전 시간, 언덕을 오
르는데 길가 2층집 베란다에 한 여인이 나와 클라리넷을 불고 있었
다. 손을 흔들어주고 천천히 음악을 들으면서 거닐었다. 지나가는
사람들의 격려 박수 때문인지 여인의 클라리넷 소리는 내가 성 입구
에 이를 때까지 그칠 줄 몰랐다.

월요일 아침이어서였을까? 성 안으로 들어갔더니 문 닫은 집이

많아 골목이 썰렁했다. 한 액세서리 가게에 놓인 예쁜 빨간색 팔찌가 내 눈길을 사로잡았다. 얼른 손으로 집어 들었는데, 옆에 있는 파란색 팔찌도 지나칠 수 없을 만큼 예뻤다. 둘을 놓고 한참을 갈등하다가 결국 두 개 다 사서 가방에 넣

생 폴 드 방스의 골목

었다.

골목골목 어느 곳 하나 빼놓을 수 없는 엽서 속 풍경 같은 생 폴 드 방스! 언젠가 다시 찾아간다면 그림 같은 집을 얻어 스케치도 배우면서 머물다 오고 싶다.

### 로자리오 성당 Chapelle du Rosaire

로자리오 성당은 마티스가 전체적인 장식을 맡았다고 알려지면서 유명해진 곳이다. 마티스는 자신을 간호해준 간호사의 부탁으로 4년에 걸쳐 로자리오 성당 스테인드글라스를 그렸다고 한다.

로자리오 성당이 있는 방스는 생 폴 드 방스 다음 정거장에서 내리면 된다. 작고 예쁜 생 폴 드 방스에 비교하면, 방스는 크고 번화한 도시다. 로자리오 성당은 마티스의 그림으로 외부에서는 유명하지만, 아주 작고 외진 곳에 있어 그곳에 사는 사람들도 위치를 잘 몰랐다. 어렵게 물어물어 갔더니, 멀리서 작은 흰색 집에 파란색과 흰색 지붕이 보이고 그 위에 가느다란 십자가가 보였다.

좁은 성당 입구에서는 왜소한 할머니가 표를 팔고 있었다. 표를 사고 조심조심 성당으로 들어갔더니 역시 비슷한 연배의 할머니가 와서 영어로 안내를 해주었다. 조용하고 수수한 성당 안에 밝은 색채의 스테인드글라스만 유난히 두드러져 보였다. 로자리오 성당의 분위기 탓인지 노쇠한 두 할머니마저 성스럽게 보였다.

성당의 바커스 얼굴 분수

# Arles, France

# 아를에서 반 고흐를
# 만나다

2013년 1월, 빈센트 반 고흐<sup>Vincent Van Gogh</sup>를 만나러 다시 한 번 아를<sup>Arles</sup>에 갔다. 그곳은 10년 전 그때처럼 고흐의 그림보다 사람들이 더 아름다웠다.

10년 전에 나는 고흐를 기대하며 무더운 한여름 땡볕에 프랑스 남동부의 아를에 도착했다. 그런데 고흐의 원작은 한 점도 보지 못했다. 대신에 호텔 옆에 있던 골목의 교회에서 시간마다 울려 퍼지던 종소리가 아직도 귀에 쟁쟁하다.

내가 외출했다 돌아오면 호텔의 젊은 안주인은 앞뜰에서 담배를 피우다가 "시가? 카페오레?"라며 반갑게 맞아주곤 했다. 하루는 안주인이 내주는 카페오레 한 잔을 대접받으며 메모를 하고 있었다. 그

아를의 골목

런데 갑자기 볼펜이 나오지 않았다. 안주인에게 볼펜 살 곳을 물었더니, 마침 옆에 앉아 쉬고 있던 미국인 여행객 부부가 자기네가 안다고 거들었다. 벌떡 일어난 남편은 자신이 근처에서 좋은 문방구를 발견했다며 직접 그곳까지 안내하는 친절을 베풀었다.

또 아를에 막 도착했을 때 점심시간을 놓쳐 허기를 참으며 먹거리를 찾아다니다가 겨우 문 열린 과일가게에 들어갔다. 자두와 사과 몇 개를 사면서 칼이 없는데 껍질을 벗기지 않고 먹어도 되느냐고 영어로 물었다. 가게 주인은 잠깐 기다리라더니 어디선가 젊은 청년을 데리고 왔다. 주인이 불어로 열심히 설명하자, 청년은 주위의 시선을 의식하며 우쭐한 표정을 지었다. 그리고는 "No pesticide, safe!"라고 큰소리로 말했다. 순박한 표정과 친절에 절로 미소가 지어졌다.

두 번째 갔을 때 역시 고흐의 진짜 그림은 구경도 못했다. 하지만 순수하고 친절한 사람들을 많이 만났다. 아를은 유명 관광지치고는 교통이 많이 불편한 곳이다. 파리나 니스에서 아비뇽까지 초고속 열차 떼제베$^{TGV}$를 타고 와서 아비뇽에서 다시 기차나 버스로 갈아타야 한다. 그런데 그 운행횟수도 많지 않았다. 그날 나는 아비뇽 역에서 아를 행 기차를 기다리고 있었는데, 갑자기 기차 대신 버스가 운행되는 바람에 하마터면 놓칠 뻔했다. 다행히 친절한 사람들의 도움을 받아 아를 행 버스를 탈 수 있었다.

버스 기사는 레게머리를 한 흑인 청년이었다. 슬쩍 보니 인상이 어찌나 거만해 보이는지 말 한마디 건네기가 조심스러웠다. 그런데 용기를 내어 말을 걸어보니 의외로 따뜻하고 친절했다. 종점인 아를 버스터미널에 내리면서 기차역을 물었더니, 좀 더 가야 한다며 운전석에서 일어나 내 가방을 다시 차에 올려주었다. 그리고는 혼자 남은 나를 기차역까지 태워다주었다. 버스에서 내리면서 고맙다고 인사하자, 아비뇽으로 가고 싶으면 다시 타라고 농담까지 던졌다. 더 필요한 것이 있으면 역사 안의 여행안내소에 물어보라고 끝까지 자상하게 챙겨주었다.

여행안내소에서 아를 지도와 안내책자를 받아들고 호텔로 이동했다. '호텔 베스트 웨스턴 아트리움Hotel Best Western Artrium'은 중심가 광장에 자리 잡은 호텔로 앞쪽이 광장이라 탁 트인 데다 방값도 적당했다. 객실로 올라가보니 침대 위에 커다란 고흐 그림이 걸려있고, 커피포트가 보였다. 창가 한쪽에 놓인 책상과 스탠드도 맘에 들었다. 책상에 앉자 창문으로 멀리 교회가 보였다. 내가 원하는 이상적인 방

아를 전경

이었다. 먼저 포트에 물을 끓여 커피를 한 잔 마시고, 오래도록 창밖을 내다보았다.

　나는 아를의 상징인 '반 고흐 카페Cafe Van Gogh'부터 찾아가기로 했다. 고흐 그림 속의 카페를 눈으로 보고 고흐의 상상력을 몸으로 느껴보고 싶었다. 호텔 앞 광장을 지나 골목길로 들어서서 옆 골목으로 몇 발짝 더 걸어갔더니 노란 고흐 카페가 보였다. 그런데 카페 문은 닫혀 있고 관광객들만 서성거렸다. 그냥 돌아서기가 아쉬워 사진을 몇 장 찍고, 첫 날이라 주변에 뭐가 있나 정찰을 했다. 그렇게 주변을 배회하다가 골목입구에서 크레페를 굽고 있는 빵집을 발견했다. 크레페 종류를 고르는데 영어가 통하지 않았다. 그러자 주인아줌마가 안쪽에 있는 딸인 듯한 아가씨를 불러냈다. 엄마의 부름을 받고 나타

반 고흐의 〈아를의 포룸 광장의 카페 테라스〉

난 예쁜 딸 덕분에 설명을 들어가면서 맛있는 크레페를 고를 수 있었다. 그리고 아름다운 아를의 아가씨와 자연스럽게 이야기가 이어졌는데, 고등학교를 졸업하고 연기와 노래를 공부하고 있다고 했다. 유튜브에서 자기가 공연하는 장면을 볼 수 있다고 자랑까지 했다. 종종 아빠 가게에 나와 일을 돕는다면서 평생 한 곳에서 빵집을 하는 아빠의 빵 솜씨가 얼마나 대

단한지를 설명했다. 맛있다는 말을 듣고 브라우니도 몇 개 샀는데, 다음날 아침에 먹어보니 정말로 맛있었다. 그날부터 나는 외출했다가 호텔로 돌아갈 때마다 그 빵집에 들렀다. 셋째 날에는 크루아상을 덤으로 얻기도 했다.

원래 일정은 2박을 할 예정이었지만 아를이 맘에 들었던 나는 1박을 더하며 고흐가 자신의 귀를 자른 후 입원했다는 병원을 돌아보기도 했다.

반 고흐가 입원했던 병원

반 고흐의 〈아를 병원의 정원〉

### 고흐의 도시, 아를

고흐의 도시 아를에 가면 실제로 고흐 작품은 볼 수 없다. 다만 고흐가 작품 활동을 왕성하게 할 수 있었던 주변 환경만 남아있을 뿐이다. 또 아를은 원형경기장The Amphitheater 등 로마시대의 유적이 잘 보존되어 있다.

1. 아를의 원형경기장
2. 생트로핌 교회

고흐의 트레이드마크인 노란색과 남프랑스 특유의 주황색 지붕의 집들이, 마치 고흐의 그림 한 점을 보는 듯한 착각을 불러일으킨다. 그래서 아를은 구경하는 곳이 아니라 천천히 여기저기를 걸어 다니면서 고흐와 남프랑스의 정취를 느껴야 하는 곳이다.

광장 앞 골목을 시작으로 입구에 생트로핌 교회Saint Trophimes Cathedral 가 있고, 옆 골목으로 들어서면 포럼 광장Place du Forum, 노란색 벽의 반 고흐 카페가 나온다. 그 뒤쪽으로는 고갱과 다투고 홧김에 귀를 자르고 입원했다는 에스파스 반 고흐Espace Van Gogh 병원이 있다. 현재 병원 건물은 도서관과 기념품가게로 사용되고 있다. 병원 건물의 정원에는 갖가지 꽃들이 피고 여름이면 여기서 음악회가 열린다. 기념품가게에서는 고흐 작품이 그려진 우표와 엽서, 컵받침과 고흐 작품 설명집 등을 판매하고 있다. 내가 고흐 작품 설명집을 사며 고흐 작품은 어디서 구경할 수 있느냐고 물었더니, 이곳에는 없고 파리로 가야 한다고 했다.

아를을 떠나기 전날 고흐가 자주 찾아가 그림을 그렸다는 개폐교를 가보기로 맘먹었다. 무조건 지도를 보면서 방향대로 걸었다. 론 강Rhône River을 따라 걷는데 지나가는 사람이 하나도 없었다. 게다가 바람(미스트랄mistral, 프랑스의 지중해 연안지방에 부는 건조하고 찬 북서풍으로 어찌나 강한지 노인들은 미스트랄을 피해 잠시 다른 지역으로 피신을 한다고도 한다)은 어찌나 세게 부는지 과장 하나 보태지 않고 몸이 날아갈 것 같았다. 안 되겠다 싶어 걷기를 포기하고 근처에서 가장 가까운 카페에 들어갔는데, 이름이 '고흐 카페'였다. 사방의 벽이 고흐를 상징하는 노란색으로 칠해져 있었다. 마침 점심으로 샐러드 뷔페가 있었는데, 음식이 깔끔하고 맛있어 개폐교를 찾느라 고생한 나에게 보상을 해주는 것 같은 느낌

반 고흐 카페

이 들었다. 특히 삶은 대파가 그렇게 맛있는 걸 처음 알았다.

식사 후에는 택시를 불러달라고 해서 개폐교까지 곧장 달렸다. 바람이 무서워서 차 안에서 눈도장만 찍고 돌아가려고 했는데, 자상한 택시기사가 사진은 한 장 남겨야 한다며 나를 끌어냈다. 그리고 다리를 배경으로 세워놓고 셔터를 눌렀다.

고흐의 대표작 〈별이 빛나는 밤Starry Night〉은 파리 오르세미술관 2층에 전시되어 있다. 아를에서는 고흐의 작품을 볼 수 없지만 촘촘한 밤하늘에 떠있는 별들을 배부를 정도로 볼 수 있다.

### 레 드 갸르송Les Deux Garcons

엑상프로방스Aix-en-Provence는 세잔Cézanne이 사랑한 도시로 유명하다. 그곳에 가면 세잔이 즐겨 다녔다는 카페 '레 드 갸르송'을 지나칠 수 없다.

"사과로 파리를 정복하고 싶다"고 할 정도로 세잔은 사과에 열광한 화가로 유명하다. 어린 시절에 세잔은 친구들에게 괴롭힘을 당하는 몸이 허약하고 근시인 한 소년을 보호해준 적이 있다. 다음날 소년은

세잔에게 선물로 사과 한 바구니를 가져다주었다. 그 후 둘은 아주 친한 친구가 되었다. 강에서 낚시도 하고 수영도 하고 프로방스 시골을 누비고 다녔다. 그 허약한 소년이 바로 오늘날 프랑스의 위대한 작가로 추앙받는 에밀 졸라Emile Zola다. 그런 세잔과 졸라가 매일

만났다는 카페 레 드 갸르송('두 소년'이라는 뜻)은 엑상프로방스에서 가장 번화한 미라보Mirabeau 거리 입구에 있다. 간판에 쓰인 '1792'라는 숫자를 보자, 묘한 감정과 함께 가슴이 뭉클해졌다. 어쩌면 세잔의 단골카페는 사과를 모티프로 실내장식을 했을지 모른다는 생각을 한 적이 있다. 언젠가는 그 궁금증을 풀리라 했는데, 기회가 왔다.

카페에 들어가 자리를 잡고 앉아 오믈렛을 주문했다. 그리고 찬찬히 실내를 살폈다. 처칠, 피카소 등 유명인사가 다녀간 흔적이 벽 여기저기에 남아 있었다. 사과 따위는 보이지 않았다. 내 예상은 보기 좋게 빗나갔다.

레 드 갸르송은 차분한 분위기의 헤밍웨이 카페와 많이 달랐다. 번화가에 위치하고 있어선지 활기가 넘치고, 종업원들도 젊다. 두 카페가 비슷한 점이 있다면 중후한 어르신 손님이 많다는 것이었다.

식탁 위에는 카페의 역사와 이 카페를 즐겨 찾았던 예술가들의 이름이 적힌 종이가 깔려 있었다. 벽에도 이 카페를 애호했던 예술가들의 작품이 걸려있었다. 혹시 그들이 밀린 찻값 대신에 카페에 넘긴 것은 아닐까 하는 엉뚱한 생각을 하면서 잠시 혼자서 웃었다.

## 세잔의 아틀리에Cézanne Studio

세잔이 사랑한 프로방스의 풍경화를 보고 있으면 그 아름다움에 반해 그의 아틀리에가 궁금해진다. 유난히 자연 속에서 직접 보고 그림 그리기를 좋아한 세잔은 생 빅토와르산을 수십 번이나 그렸다. 그는 67세에 폐렴에 걸려 세상을 떠났다. 당시 자신의 집 정원사의 초상화를 그리느라 정원에서 보내는 시간이 많았는데, 그것이 원인이 되었다고 알려져 있다.

세잔이 마지막 4년간 왕성하게 작업을 했던 아틀리에는 변두리 주택가의 언덕배기에 있다. 안내 표지판도 없고, 제대로 된 간판도 없어 버스에서 내려 한참을 헤맸다. 지나가는 동네 어른에게 물어 겨우 찾아갔는데, 그날따라 바람이 몹시 세게 불었다. '이런 바람 속에서 초상화를 그리다가 폐렴에 걸렸겠구나' 하는 생각을 했다.

　옛 모습을 그대로 간직하고 있는 작은 아틀리에 건물은 1층에 기념품가게가 있고, 2층에 아틀리에가 있었다. 보수를 한 번도 안 한 것 같은 허름한 아틀리에에는 세잔이 사용한 가구와 물건들이 그대로 진열되어 있었다. 방문객도 별로 없고 바람마저 스산하게 불어 더욱 쓸쓸한 공간으로 느껴졌다.

아틀리에 안에서는 뉴욕에서 왔다는 큐레이터에게 직원이 뭔가를 열심히 설명하고 있었다. 아틀리에를 나오기 전에 세잔의 정물 그림카드를 몇 장 샀다. 가끔 생각날 때 꺼내보면 언덕배기에 있던 세잔의 아틀리에가 생생하게 떠오른다.

여행이 삶에 미치는 영향은
무엇을 상상하든
그 이상이다!

뉴질랜드의 화가 제인 에반스<sup>Jane Evans</sup>는 '인생은 신비한 여행'이라고 했다.

"나는 인생이 마술같이 신비한 여행이라고 생각해요. 그 여행은 당신이 동참할 준비가 되어있다면 그동안 전혀 꿈꾸어본 적이 없는 곳으로 당신을 데리고 갈 거예요. 나는 이 신비한 여행에서 다음에 전개될 뜻밖의 진전을 기다리고 있어요. 인생의 고난을 견디어내고 순응하며 앞으로 일어날 일들에 몰두하면 당신 앞에 멋진 길이 펼쳐질 거예요."

2009년에 친구와 함께 영국과 아일랜드로 여행을 떠났다. 바람의 도시 아일랜드 골웨이<sup>Galway</sup>에서 아일랜드 사람들이 가장 아름답다고 입을 모으는 도시 킬러니<sup>Killerney</sup>를 여행할 계획이었다. 기차보다 요금이 싸고 편리한 버스를 이용하기로 했다. 버스터미널에 너무 일찍 도착했는지 매표소 문이 열리기 전이었다. 사람들이 창구 앞에 줄을 서 있었다. 우리도 그 뒤에 줄을 섰다. 그때 바로 앞에 서 있던 체격 좋은 중년 여성이 서툰 영어 발음으로 우리에게 말을 걸어왔다. 어느 나라에서 왔느냐, 어디를 여행할 계획이냐, 나이가 어떻게 되느냐……. 그녀는 자신의 나이가 69세라고 했다. 아무리 봐도 그 나이라고 믿기지 않을 만큼 활기차고 건강해 보였다. 또 자신의 영어 실력이 유창하지는 않지만 이만하면 여행하는 데 지장이 없다는 말도 덧붙였다. 영어는 어디서 배웠느냐고 물었더니 독학을 했고, 지중해

섬 몰타<sup>Malta</sup>에서 한 달간 영어연수를 받은 적도 있단다.

그러는 사이 매표창구가 문을 열었고, 우리는 같이 표를 사고 킬러니 행 버스에 올랐다. 그녀가 몹시 궁금해진 나는 친구에게 양해를 구하고, 그녀 옆자리로 가서 앉았다. 그녀에게 더 많은 이야기를 듣고 싶었다.

독일에서 온 그녀는 엔지니어였는데, 지금은 은퇴해서 집안일을 한다고 했다. 내가 "심심한 일상을 보내겠네요?" 했더니, 가당치도 않다는 표정을 지었다. 그러고는 자기가 얼마나 바쁘게 사는지를 설명하기 시작했다. 집안 살림, 농사일, 장작 패기, 정원 가꾸기 등을 하다 보면 하루가 어떻게 가는지 모른다고 했다. 지금 살고 있는 집은 조부모 때부터 살던 집이어서 200년도 더 된 집이란다. 화장실이 6개나 되고, 창문 개수도 50개가 넘는다는 말에 바쁘다는 말이 전혀 과장되지 않았다는 것을 알았다. 그녀는 자신의 투박하고 거친 손을 내밀어 보여주었다. 전형적인 농사꾼 손이었다.

그녀는 건강과 여행을 위해 아무리 바빠도 하루에 한 시간씩 걷기 운동을 꼭 한단다. 일 년에 한두 번씩 하는 여행이 삶의 활력소라고 말하는 그녀의 얼굴은 참으로 행복해 보였다. 삶이 고달플 때 다음에 떠날 여행을 생각하면 피로가 싹 가신다는 말에 그녀에게 여행이 어떤 의미인지 알 것 같았다. 덕분에 병원 갈 일이 없다고 하길래, 나도 맞장구를 쳤다.

"여행이야말로 최고의 의사죠."

여행 경비는 어떻게 충당하는지 궁금했다. 겨우 생활할 정도의 연금을 받고 있기 때문에 좋은 호텔에 묵지 못하고 저렴한 유스호스텔에서 자고, 식사도 직접 해먹으며 다닌단다. 그리고 유스호스텔에서 젊은이들과 세계 각지의 사람들을 만나는 게 얼마나 즐거운지 모른다고 했다. 신용카드도 없고 숙소예약은 첫 여행지만 하고, 그 다음 숙소는 묵는 유스호스텔 사무실에 부탁해서 다음 여행지 숙박을 예약한단다.

우리가 만났을 때 그녀는 스코틀랜드와 아일랜드를 2주 동안 여행하는 중이라고 했다. 내년에는 스위스 기차여행을 생각중이란다.

이런저런 얘기를 나누는 사이에 버스는 어느새 킬러니에 닿았다. 인연이 있으면 여행길에서 다시 만날 거라며 작별 인사를 나누었다. 인생이 고달파도 여행 덕분에 행복하다는 그녀, 비용을 아끼느라 온갖 식재료를 바리바리 싸서 등에 한 짐 메고 양손까지 묵직한 짐꾸러미를 들고 있었지만 그녀의 걸음걸이는 마냥 가볍고 신나 보였다. 그녀의 뒷모습을 보면서 나는 여행이 우리 삶에 미치는 놀라운 힘에 대해 다시 한 번 생각했다. 여행자로서 나의 여정에 대해서도!

여행은 사람을 완전히 바꾸어 놓는다. 일단 여행을 떠나 새로운 장소에 가고 새로운 사람을 만나면 새로운 세계를 받아들이게 된다. 그래서 여행이 삶에 미치는 영향은 무엇을 상상하든 그 이상이다!

Study & Fun
내 맘대로 유럽여행

초판 1쇄 인쇄  2014년  8월  11일
초판 1쇄 발행  2014년  8월  18일

지은이  정용숙
펴낸이  김옥희
펴낸곳  아주좋은날
기획편집  이미숙, 박소연
표지디자인  디자인스튜디오 랑
본문디자인  안은정
마케팅  최현욱, 김혜경

출판등록  2004년  8월  5일  제16-3393호
주소  서울시  강남구  테헤란로 201, 501호
전화  (02) 557-2031
팩스  (02) 557-2032
홈페이지  www.appletreetales.com
블로그  http://blog.naver.com/appletales
페이스북  https://www.facebook.com/appletales
트위터  https://twitter.com/appletales1

ISBN 978-89-98482-27-5  (13980)

ⓒ 정용숙, 2014

이 도서의 국립중앙도서관 출판시도서목록(CIP)은 서지정보유통지원시스템 홈페이지(http://seoji.nl.go.kr)와
국가자료공동목록시스템(http://www.nl.go.kr/kolisnet)에서 이용하실 수 있습니다.
(CIP제어번호 : CIP2014021529)

아주좋은날 은 애플트리태일즈의 경제 실용 전문 브랜드입니다.